Hermann Kissener: LEBENSZAHLEN

A = 1	J = 1	S = 3
B = 2	K = 2	T = 4
C = 3	L = 3	U = 6
D = 4	M = 4	V = 6
E = 5	N = 5	W = 6
F = 8	O = 7	X = 5
G = 3	P = 8	Y = 1
H = 5	Q = 1	Z = 7
I = 1	R = 2	UR = ∞ 6+2 = 8

Buchstaben- und Zahlenschlüssel

Leitmotive:

«Suchet, so werdet ihr finden ...»

Matth. 7,7

«Zahl jedoch ist Abbild und Gleichnis jeglichen Wesens.»
Pythagoras

«Wer Verstand hat, der berechne die Zahl des Tieres, denn es ist eines Menschen Zahl und seine Zahl ist 666.»
Offenbarung 13,18

«Habe Geduld gegen alles Ungelöste in deinem Herzen... Lebe jetzt die Fragen. Vielleicht lebst du dann, eines fernen Tages, ohne es zu merken, in die Antwort hinein.»
Rainer Maria Rilke

HERMANN KISSENER

LEBENSZAHLEN

Die Logik von Buchstabe, Zahl und Zeit

1. Band der Reihe: Die Spur ins UR

DREI EICHEN VERLAG AG
MÜNCHEN + ENGELBERG/SCHWEIZ

Der Versuch einer Synthese zwischen Pythagoras, Cheiro, Herbert Reichstein und Dr. Brown-Landone

CIP-Kurztitelaufnahme der Deutschen Bibliothek

Kissener Hermann:
Die Spur ins Ur
Hermann Kissener.
Engelberg/Schweiz; München: Drei Eichen Verlag
Bd. 1. — Kissener, Hermann: Lebenszahlen

Kissener Hermann:
Lebenszahlen: d. Logik von Buchstabe, Zahl und Zeit
Hermann Kissener. — 4. Aufl.
Engelberg/Schweiz; München: Drei Eichen Verlag 1983.
(Die Spur ins Ur / Hermann Kissener; Bd. 1)
ISBN 3-7699-0399-4

ISBN 3-7699-0399-4
Verlagsnummer 399
Alle Rechte vorbehalten
© 1960 by Drei Eichen Verlag,
8000 München 60 + 6390 Engelberg/Schweiz
4. Auflage, 1983
Umschlaggestaltung: Felicitas Huebner, München
Gesamtherstellung: Isar-Post, Landshut

INHALTSÜBERSICHT

I. Pythagoras und der Menschenweg

Geleitwort	11
Vorwort zur 3. Auflage	15
Die große Tat	17
Cheiro und Dr. Landone	19
Teleois-Geometrie	20
Wer war Pythagoras?	26
Vielheit und Einheit	33
Teilung der Einheit	36
Die zweite Teilung	39
Die dritte Teilung	43
Wo ist die Sieben?	47
Die fünfte Teilung	53
Die Teilung der Sieben	56
Sechste und siebente Teilung	60
Vom kleinen «ich» zum großen ICH	66
Abbild und Gleichnis	71
Das karmische Dreieck	76
Der «Zehn-Gebote-Weg»	79
Der Weg der Goldenen Verse	84
Ursache und Wirkung	89
Die Krone des Lebens	93

II. Schlüssel zur Zahlenkunde | 101

Die Zahlen-Systeme	103
Buchstabenwerte des Alphabets	107
Die Quersumme der Geburtszahlen	110
Deines Namens Zahlen	113
Die Zahlen deiner Geburt	116
Auslegung der Zahlenwerte 1–9	122

INHALTSÜBERSICHT

Vom Geheimsinn der Doppelzahlen	126
Praktische Beispiele	130
III. Die Zahl als Abbild und Gleichnis	133
Kabbalistische Karmaforschung	135
Das Beispiel Mahatma Gandhi	141
Das Beispiel Jesus Christus	145
ICH und der Vater sind EINS	151
Vom Sinn der Sinne	156
Pius XII und das Gewissen	158
Die Zahl des Tieres 666	164
Kennedy und die Zahl	170
Das aryanische Weltbild	173
Suchen und Finden	177
IV. Anhang: Zusätzliche Aspekte	181
Unitologie-Schlüsselworte	183
Die Zahlenphilosophie nach Reichstein	198
Deutungskompendium der Zahlen 1–22	203
Erläuterungen zu Reichstein	205
Kosmische Ereigniszahlen	210
Tierkreiszeichen, Planeten, Farben	217
Deutungskompendium der Werte 1–11	221
Deutungskompendium der Werte 12–22	233
Die 66 kosmischen Ereigniszahlen	247
Zusammenfassung der Grundsätze	255
Ihr Freunde, hört!	258
Du bist es immer selbst	260
Ergänzendes Schrifttum	263

VERZEICHNIS
DER ZEICHNUNGEN UND BILDER

1. Buchstaben- und Zahlenschlüssel	1
2. Landone: Teleois-Geometrie	20
3. Landone: Öllampe in Schneeflocke	22
4. Landone: Vollkommenheit des Skeletts	23
5. Landone: Fuß und Knöchel	24
6. Landone: Teleois-Vollkommenheit (Kunst)	25
7. DEV: Figur 1 Die Form	33
8. DEV: Figur 2 Erste Teilung	36
9. DEV: Figur 3 Zweite Teilung	39
10. DEV: Figur 3a Zwei Einheiten des «ich»	42
11. DEV: Figur 4 Dritte Teilung	43
12. DEV: Figur 5 Vierte Teilung	47
13. DEV: Figur 6 Fünfte Teilung	48
14. DEV: Figur 7 Denkmal des Pythagoras	49
15. DEV: Figur 8 Zehn gleiche Felder	50
16. DEV: Figur 9 Die «andere» Vierheit	56
17. DEV: Figur 10 Die absolute Zweiheit	57
18. DEV: Figur 11 Die Dreiheit der Mitte	57
19. DEV: Figur 12 Die Sieben der Mitte	59
20. DEV: Figur 13 Die sechste Teilung	61
21. DEV: Figur 14 Die siebente Teilung	61
22. DEV: Figur 15 Buchstaben der Form	71
23. DEV: Figur 16 Das «Große ICH»	73
24. DEV: Figur 17 Zahlen der Form	73
25. DEV: Figur 18 Der Baum des Lebens	73
26. DEV: Figur 19 Sieben-Stufen-Weg	77
27. DEV: Figur 20 Zehn-Stufen-Weg	79
28. DEV: Figur 21 Karmische Dreiecke	80
29. DEV: Figur 22 Schema der 9. Stufe	81

VERZEICHNIS
DER ZEICHNUNGEN UND BILDER

30. DEV: Figur 23 Pythagoreischer Lehrsatz   91
31. DEV: Die Zahl der Planeten   121
32. DEV: Zahlwerte der Buchstaben alter Sprachen   150
33. DEV: Pyramide der 10 Sinne   157
34. FEH: Schema zur menschlichen Evolution   178

Die Zeichnungen 2–6 wurden mit Genehmigung des DEV dem Werk «Die mystischen Meister» von Dr. Brown-Landone entnommen.
Die Zeichnungen bzw. Tabellen unter den laufenden Nummern 31 und 32 stammen aus der Schrift von Dr. h. c. Werner Zimmermann «Geheimsinn der Zahlen».
Sämtliche anderen Zeichnungen wurden vom Verfasser dieses Buches selbst gezeichnet.

I.

PYTHAGORAS UND DER MENSCHENWEG

GELEITWORT ZUR 1. AUFLAGE (1965)

Wie es andere Menschen immer wieder nach dem Osten, nach Indien oder Japan, oder nach dem Süden, Norden und Westen in Länder zieht, die eine unerklärliche Anziehungskraft auf sie ausüben, so zieht es mich mit elementarer Gewalt schon von Jugend an nach Griechenland und nach Ägypten, dem Lande am Nil.

Manchmal des Nachts erlebte ich ein Stück dieser Zentren der Kultur. Vor sieben, sechs und fünf Jahren war es Griechenland, das mich jährlich vom Karfreitag bis zum Ostermontag so seltsam in seinen Bann zog, daß ich es kaum beschreiben kann. In diesen drei Jahren damals entstand das Buchmanuskript «Die Spur ins Ur von Buchstabe und Zahl», das unter dem Reihentitel «Pythagoras und der Menschenweg» in zwei Teilen zum Vorabdruck kam: 1. «Studien der Lehrsätze des Weisen an Formen, Namen und Zahlen», 2. «Schlüssel zur Zahlenkunde». Die Wartezeit von sieben Jahren, die ich mir persönlich auferlegt habe, war 1965 verstrichen. Das Buch, eines der Reihe «DIE SPUR INS UR» ist noch im gleichen Jahr erschienen.

In den letzten Jahren hat mich Ägypten mit seinen steinernen Zeugen der Pyramiden so stark beschäftigt, daß ich eines Nachts – im Halbschlaf – mein Bett verließ und «etwas schrieb», an das ich mich am nächsten Morgen beim Auffinden der Zeilen nur noch ganz schwach erinnern konnte. Auf einem Zettel stand folgendes zu lesen:

«Ich war einmal im Land am Nil
und pflegte Kunst und Form und Stil...
Und weil ich einen Fehler tat,

für einen Freund um Nachsicht bat,
so rief man mich zum Hohen Rat –
zur Ernte wohl für meine Saat...

Man grub ein Grab mir tief in Stein
und schloß darin mich lebend ein...
Den Richtspruch fand ich ungesund –
ich war noch jung an Jahren –
ich knebelte des Haders Mund
und ging dem Urteil auf den Grund,
schlug mir am Stein die Hände wund,
ja, bis sie blutig waren...

Und dieses Blut fiel in den Stein,
grub immer tiefer sich hinein,
bis einen Ausgang ich erblickte,
der mich dem Grab aus Stein entrückte.

Als ich das neue Licht begrüßte,
sah ich den Freund, für den ich büßte,
weil – als er einen Fehler tat –
ich für sein Fehl um Nachsicht bat.

Wir schritten bis zum weiten Meer...
Wir brauchten keine Worte mehr,
wir wußten beide, ich und er:
Und ist ein Urteil noch so schwer,
kein Mensch kann an des andern Statt
die Ernte tragen einer Saat.
Und ist die Absicht noch so gut,
ein jeder muß selbst wissen, was er tut.»

Dieses Erlebnis liegt Jahre zurück. Hier und da fiel der Zettel mit jenen Versen in meine Hand. Und eines Tages erkannte ich die Aufgabe daraus.

*

In der Buchfolge «Die Spur ins Ur» sollen Themen zur Sprache kommen, die zum Nachteil der breiten Masse der Bevölkerung fast ausschließlich einer kleinen Minderheit vorbehalten blieben. Nur selten gelang es einzelnen Autoren, Themen zur Veröffentlichung zu bringen, die ursächliche Zusammenhänge aufhellen oder auch nur in diese hineinleuchten durften. Wenn es geschah, so traten immer sofort Kräfte auf den Plan, die den Wahrheitsgehalt der Aussage nicht nur in ein diffuses Licht zu stellen wußten, sondern denen jedes Mittel recht war, die Aussagen selbst ad absurdum zu führen. Aber nicht nur das. Sobald etwas veröffentlicht wurde, was «ursächliche Zusammenhänge» klären konnte, geschah es nicht selten, daß selbst mit Hilfe der Seelsorge jene Bücher oder Schriften aus dem Verkehr gezogen, sichergestellt oder vernichtet wurden.

Ich vertrete den Standpunkt: Wahrheit ist keine Lehre! Keine Institution hat das Recht, Wahrheiten nur in einem oder zwei Gewändern darstellen zu lassen. Die Wahrheit hat viele Gewänder. Will man Echtes von Unechtem unterscheiden lernen, so bedarf dies jahrzehntelanger Bemühung. Rund dreißig Jahre habe ich nun versucht, einen Blick hinter die Kulissen des Scheins aller Behauptungen zu tun, um das wahre Sein aller möglichen Darstellungen zu enthüllen, besser noch: zu entdecken. Manches glaube ich gefunden zu haben, was der breiten Bevölkerung weitgehend unbekannt blieb, weil gewisse Kreise es nicht wollten, daß der Mensch wirklich «frei werde».

«Die Wahrheit wird euch frei machen!», so heißt es. Keiner meiner Leser soll etwas glauben, das sich ihm nicht als Wahrheit bestätigt. Wahrheit muß und wird sich immer neu bestätigen.

Die vorliegende Arbeit soll ein Versuch sein, Forschungsergebnisse verschiedener Wissenschaftler der Allgemeinheit zugänglich zu machen, die wesentlich sind für die Gestaltung des so dringend notwendigen neuen Weltbildes. Es sollen vor allem drei ernsthafte Forscher in ihrer Aussagekraft geprüft und einander gegenübergestellt werden: Dr. Brown-Landone, Adam Rutherford und Herbert Reichstein. Es soll versucht werden, aus Thesen und Antithesen zur Synthese zu finden.

Es ist ein tief bedauerlicher Umstand, daß noch heute Werke, die ein neues Weltbild schaffen helfen könnten, selbst in Antiquariaten nicht mehr zu finden sind, obwohl nicht selten viele Tausende von Exemplaren gedruckt wurden. Mein bescheidenes Wissen verdanke ich dem Studium der Philosophie des Pythagoras, des Apollonius von Tyana, sowie den Werken östlicher und ägyptischer Weisheitslehren, vor allem aber dem Studium der biblischen Prophezeiungen. Manche meiner Lehrwerke waren im gesamten deutschsprachigen Raum nur in einem Einzelexemplar erreichbar. In einem Fall konnte nur die Abschrift eines Urtextes ausgewertet werden, aus dem der Zahn der Zeit Teile zernagt und unlesbar gemacht hatte.

Mein Wunsch ist es, Brücken zu besserem Verständnis untereinander bauen zu helfen durch den Versuch, den Einzelmenschen von suggeriertem Denken zu befreien. Jeder muß selbst denken! Nur wahrhaft «freie Menschen» können dazu beitragen, daß endlich Friede auf Erden gestaltet werden kann.

VORWORT ZUR 3. AUFLAGE (1974)

Im Geleitwort zur 1. Auflage dieses Buches deutete ich kurz an, daß ich mir für die Herausgabe eine Wartezeit von sieben Jahren auferlegt habe. Die Erstfassung ist in den Jahren 1958–1959 entstanden. Es war eine notwendige Vorarbeit für das Ende 1965 erschienene Buch über «Die Logik der Großen Pyramide».

In diesem Buch haben wir eine gemeinsame Reise durch die Jahrtausende der Großen Pyramide unternommen, deren Fortsetzung, bzw. Wiederholung unter anderen Aspekten wir erst im Buch «Die Logik der Prophezeiungen Daniels» erleben konnten. Ehe wir diese zweite Reise zum steinernen Zeugen nach Ägypten, dem Lande am Nil, antraten, schien es zweckmäßig zu sein, zunächst eine andere Reise hinter uns zu bringen, die uns vor allem nach Griechenland führt und uns einen Einblick in das Reich der Zahlen, Formen und Lehrsätze des großen Weisen Pythagoras gewinnen läßt.

Diesmal sind es in der Hauptsache die Lehrsätze des Pythagoras selbst, an denen Studien betrieben werden, die jedoch mit den Forschungsergebnissen des weithin bekannten Mystikers Dr. Brown-Landone und seiner «Teleologie» – der Lehre von den Zahlen – verglichen und geprüft und durch die Kabbalisten Cheiro und Reichstein und ihren Zahlendeutungen ergänzt werden sollen.

Schon 1965 versuchte ich sieben Merkmale aufzuzeigen, die zur Erniedrigung des Menschen beigetragen haben. Vier davon seien hier wiederholt:

1. der Mangel an umfassendem Wissen,
2. der Mangel an gründlicher Ausbildung und Erziehung,

3. der Mangel an Zeit und Unabhängigkeit,
4. der Mangel an Kenntnissen der Zusammenhänge.

Mehr-Wissen und Weniger-Glauben scheint mir das dringende Gebot der Stunde zu sein. Es soll auch diesmal versucht werden, ursächliche Zusammenhänge aufhellen zu helfen und ein wenig in diese hineinzuleuchten. Auch dieses Mal möchte ich meinen Lesern sagen: Keiner soll etwas glauben, das sich ihm nicht als Wahrheit bestätigt. Wahrheit muß und wird sich immer neu bestätigen, denn Wahrheit ist keine Lehre. Und ich wiederhole nochmals: Keine Institution hat das Recht, Wahrheiten nur in einem oder zwei Gewändern darstellen zu lassen. Die Wahrheit hat viele Gewänder...

Pythagoras, Cheiro, Brown-Landone und Reichstein, diese vier Forscher werden im Verlauf unserer Studien immer wieder die Thesen, Antithesen oder auch Hypothesen (unbewiesene Annahmen) liefern, aus denen versucht werden soll, eine brauchbare Synthese zu gewinnen. Ich möchte in aller Kürze zunächst drei der vier Schlüsselhalter der Zahlenlehre meinen Lesern vorstellen.

Da der pythagoreische Lehrsatz ohnehin Hauptgegenstand der Betrachtung im ersten Teil dieses Buches ist, beschränke ich mich darauf, vorerst nur eine Nacherzählung, ein rein menschliches Bild vom großen Weisen aus Samos wiederzugeben, das ich schon vor rund sieben Jahren im Anschluß an das Studium seines Lebensweges schrieb und das mehrmals veröffentlicht wurde unter dem Titel: Die große Tat.

Ein Satz aus dieser Nacherzählung hat mich bewogen, Pythagoras und seine Lebensphilosophie zu studieren, wo immer ich dazu eine Möglichkeit hatte. Inzwischen sind es fast 20 Jahre geworden.

Engelberg, am 21. März 1974   Hermann Kissener

DIE GROSSE TAT

1.

Als Pythagoras seine Heimatstadt Samos verließ, nach mißlungenem Versuch, der Jugend seines Volkes die Weisheit der Götter zu lehren, als er sich auf dem Wege nach Kroton befand, wo er offene Ohren und Herzen für seine Lehren fand und begeisterte, begegnete er am Meeresstrande, kurz vor seinem Ziel, einigen Fischern, die im Abendwerden ihren Zug heimbrachten.

2.

Einige Männer und Jünglinge standen im seichten Wasser des Ufers und mühten sich, den reichen Meeressegen in mächtigen Netzen einzubringen. Pythagoras bat seinen riesigen Diener Zamolxis, ihnen behilflich zu sein; und bald lagen die mit Tausenden von zappelnden Fischen gefüllten Netze auf dem Strand.

3.

Ein seltsamer Gedanke durchzuckte plötzlich den Weisen aus Samos. Was würde mit den Fischen geschehen, die eben noch munter und bunt in den kühlen Abendfluten sich getummelt hatten? Und er fühlte das jammerwolle Verlechzen der Tausende, die zusammengepfercht vor ihm lagen.

4.

Der Spruch des Weisen Yajurvedas trat in seine Gedanken: «Wenn alle Wesen du in dir, und dich in allen Wesen siehst, dann hast Allwissen du erreicht, dann ist dir nichts mehr ungewiß!» Und er fragte die Fischer, ob sie

17

sich den beschwerlichen Weg nach Kroton ersparen und
ihm die Fische verkaufen wollten.

5.

Lange berieten die Fischer, denn sie bezweifelten den
Ernst der Worte des Fragenden, bis endlich, sichtlich
verlegen über den hohen Preis, den die Fischer mit ihm
errechnet hatten, der Älteste zu Pythagoras trat und
sagte: «Herr, zwei Minen wird der Fang wohl wert sein;
man zahlt jetzt viel in Kroton...»

6.

Der Weise bat seinen Diener, vier Minen an die Fischer
auszuzahlen. Aber sie verwehrten es ihm und einigten
sich schließlich auf drei. Für die dritte Mine aber mußten
die Fischer das Gebot des Weisen erfüllen: «Werfet die
Fische ins Meer zurück, Freunde! Es soll niemand ster-
ben, nicht einmal ein Tierlein des Gewässers...»

7.

Einige der Fischer mögen wohl an ihre Stirn gedeutet
haben. Und auf ihre Frage: «Herr, was soll das?» sagte
er ihnen, was vorhin in seine Gedanken getreten war:
«Wenn alle Wesen du in dir, und dich in allen Wesen
siehst, dann hast Allwissen du erreicht, dann ist dir
nichts mehr ungewiß!» Und die Fischer knieten vor ihm
nieder – in den weiten Sand des Strandes...

CHEIRO UND DR. BROWN-LANDONE

Cheiro ist das Pseudonym eines der hervorragendsten Okkultisten, Numerologen und Chirologen der Jahrhundertwendezeit. Viele Jahre blieb die Identität dieses Zahlenmystikers ein sorgsam gehütetes Geheimnis. Erst dann, als Cheiro auf dem wahren Höhepunkt seiner echten Berufung angelangt war, erlaubte er, seine Identität bekanntzugeben. Es handelt sich um den Count (Grafen) Louis Hamon, einen normannischen Edelmann, dessen Ahnenschaft bis in die Frühzeit der normannischen Franzosen zurückverfolgt werden kann.

Graf Hamon hat sich viele Jahre im nahen und fernen Osten in uraltes Geheimwissen eingearbeitet, viele gekrönte Häupter beraten und erstaunliche Voraussagen gemacht, die sich genau erfüllten.

*

Dr. Brown-Landone ist den Lesern dieser Buchreihe nicht unbekannt durch sein Werk: «Die mystischen Meister», Prophezeiungen Melchi-Sedeks in der Großen Pyramide und den Sieben Tempeln, sowie durch meinen Versuch einer Synthese zwischen ihm und Adam Rutherford im Buch «Die Logik der Großen Pyramide».

Landone ist Amerikaner, ursprünglich aus altem italienisch-französischem Adel. Er hat viele Werke geschrieben, unter anderem eine Kulturgeschichte in zehn großen Bänden. Die Entzifferung der geheimnisvollen Teleoismaße, der Regel des Polyklet, ermöglichte ihm die Berechnung künftiger Ereignisse. Seine Teleois-Zahlen-Systeme, die sich besonders mit Zahlen und Quersummenzahlen befassen, die in einem ganz bestimmten Verhältnis zueinander stehen und genau den «heiligen Zahlen» im Zahlengebet des Pythagoras entsprechen, werden durch einige Zeichnungen im vorliegenden Buch für den Versuch einer Synthese herangezogen.

Landones Teleologie ist eine Wissenschaft, der ich mich persönlich seit vielen Jahren eng verbunden fühle. Ich sehe die Entwicklungsstadien der Form eines Menschen in folgenden, mit der Teleologie genau übereinstimmenden Intervallen: 4, 7, 10, 13, 16, 19, 22, 25, 28 usw. Auf diese Intervalle werden wir innerhalb unserer gemeinsamen Studien mehrmals zurückkommen.

Teleois ist ein System rätselhafter Reihen von Zahlen und Maßen, die sich in Tonleitern, Entfernungen der Planeten von der Sonne, Mustern in Schneekristallen usw. finden. Die Zahlen (Maße, Proportionen) des Teleois-Systems lauten nach Dr. Landone:

    1. Grundzahlen: 1, 4 und 7.
    2. Primär-Zahlen: 13, 19, 25 und 31.
    3. Sekundär-Zahlen: 10, 16, 22 und 28.

In diesem Zusammenhang verweise ich auf die nachfolgenden Zeichnungen: Teleois-Geometrie, Öllampe in Schneeflocke, Vollkommenheit im Bau des Skeletts, Fuß und Knöchel, Teleois-Vollkommenheit in der Kunst, die mit kurzen Erläuterungen versehen sind.

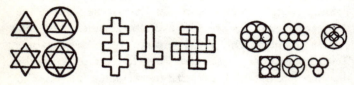

Teleois-Geometrie, nach Dr. Landone

Geometrische Muster wurden in Tausenden farbigen Glasscheiben, in Millionen Schmuckstücken, Vasen und Kunstgegenständen verwendet. Als heilige Symbole erscheinen sie in Kirchen, Grabmälern und Tempeln aller Zeiten und aller Kulturen.

Solche Zeichnungen setzen sich zusammen aus den Flächen von Dreiecken, Quadraten oder Kreisen oder den *Zwischenräumen*, die sie bilden. Die letzteren gehören auch zum Muster. Daher sind auch sie mitzuzählen, wenn die Summe aller Flächen eines Musters ermittelt wird.

Diese geometrischen Figuren haben vier außerordentliche Merkmale:

1. Unter vielen hundert Möglichkeiten wurden stets nur *sieben Gruppen* weithin als Muster benützt.

2. Ihre einfachen Teleois-Zahlen sind: 4, 7, 13, 16 und 19.

3. *Jedes* geometrische Muster, das sich durch Jahrtausende immer wieder findet, ist eine Gruppe von Flächen, deren Summen eine Teleois-Zahl ergibt.

4. *Jedes heilige oder mystische geometrische Symbol* weist eine Teleois-Anzahl von Flächen auf.

5. Diese Teleois-Flächen bilden die einzigen geometrischen Zeichen, die in allen Zeitaltern und von allen Völkern als schön empfunden wurden.

6. Teleois-Zahlen und -Maße scheinen die Grundlage jeder vollkommenen Form auf Erden zu bilden, selbst für Entfernungen über die Erde hinaus. In Wirklichkeit liegen die Entfernungen der großen und kleinen Planeten von der Sonne in Teleois-Verhältniszahlen.

7. Teleois-Maße bestimmen den Bau *aller* Hallen und Tempel der Großen Pyramide von Giseh.

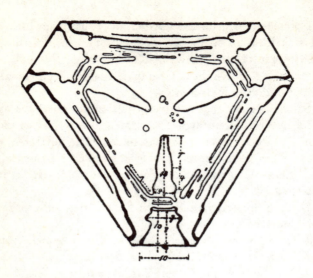

Öllampe in Schneeflocke, nach Dr. Landone

Während vierzig Jahren haben Wissenschaftler mehrere tausend Schneeflocken fotografiert. Sehr starke Vergrößerungen ermöglichen es, Entfernungen innerhalb der Schneekristalle bis auf 1/100 Millimeter genau zu messen.

Wir staunen, wenn wir Dutzende dieser Bilder studieren. Was wir sehen, entspringt nicht der Einbildung; die Kamera läßt sich nicht täuschen.

Die Lichtbilder beweisen, daß viele dieser Schneekristalle, hoch oben in den Wolken gebildet, *Entwürfe vieler wirklicher Gegenstände enthalten, die der Mensch hier auf Erden anfertigt.* Wer kennen mehr als hundert solcher Muster: Trinkgläser, Fingerhüte, Lampen, Kreuze, Dolche, Handspiegel, Ambosse, Ölkannen usw.

Die Maße dieser Muster sind in Teleois-Zahlen. Beachte in unserer obigen Zeichnung die rohe Skizze einer altmodischen Öllampe mit Griff, nach der Fotografie eines Schneekristalls! Ihre Maße sind: 4 zu 7, 7 zu 10, 10 zu 13.

Die *gleichen* Maße ergeben die wunderbare Schönheit des Taj Mahal und finden sich in den Entfernungen des Sonnensystems sowie in allen wesentlichen Baukennzeichen der Großen Pyramide.

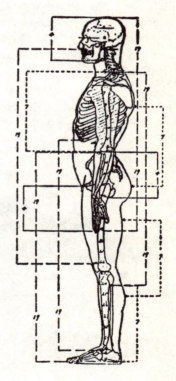

Vollkommenheit im Bau
des Skeletts,
nach Dr. Landone

Die Figur zeigt nur zwölf der Teleois-Längen von Teilen des menschlichen Skelettes. Es gibt darin 121 weitere solcher T-Maße; doch wollten wir nicht die Zeichnung durch zu große Fülle verwirren.

Diese Teleois-Verhältnislängen von Teilen des menschlichen Skelettes stimmen auf den Millimeter genau mit den Messungen an typischen Skeletten in den Sammlungen der Universitäten Harvard, Cambridge und Oxford überein, die auf 1/10 000 Zoll genau ausgemessen sind.

Diese Daten wurden nachgeprüft an den Durchschnitten der Messungen von 10 000 menschlichen Körpern durch den jüngst verstorbenen Dr. Dudley Sargent von Harvard, ebenso mit Durchschnitten von 40 000 Messungen durch Giovanni an der Universität Padua in Italien.

Fuß und Knöchel, nach Dr. Landone

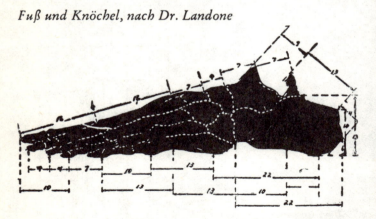

Die Teleois-Maße des Knöchels zeigen die Einheiten: 4, 7, 10, 13, 16 und 22.

Teleois-Vollkommenheit in der Kunst, nach Dr. Landone

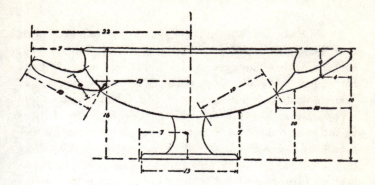

Vergleiche die Einfachheit und Vollkommenheit des Teleois-Maß-Systems! Um die gleiche Schale zu zeichnen, brauchen wir nur Maße in den Verhältnissen 4, 7, 10, 13, 31 und 40. Die Anwendung ist sehr einfach, das Ergebnis vollkommen.

*

Daß auch Albrecht Dürer sich mit Zahlenmystik befaßte, mag aus seinem berühmten Bild «Melancholie» aus dem Jahre 1514 erkannt werden, und zwar aus der Zahlentafel unterhalb der Glocke an der Wand des Hauses im rechten, oberen Bildteil. Wer sich damit beschäftigt, wird erkennen, daß eine höchst sinnvolle Reihenfolge der Zahlen im «Vierersystem» beobachtet wurde. Jedes dieser vier Systeme: 1—4, 5–8, 9–12 und 13 bis 16, bildet eine ganz bestimmte geometrische Form. (Das Bild kann in diesem Buch nicht wiedergegeben werden. – H. K.)

WER WAR PYTHAGORAS

Das Leben des Weisen Pythagoras mit seinen Höhen und Tiefen, mit seinen Forschungen und Folgerungen, ist eine wahre Fundgrube des Erkennens und Wissens für jeden suchenden Menschen. Wer das Leben dieses Weisen studiert, seine Lehrsätze und Gleichungen untersucht und auf so vielen Gebieten des täglichen Lebens bestätigt findet, sei es in der Geometrie oder der Mathematik und der Baukunst, ist versucht, diese Lehrsätze und Gleichungen auch auf anderen Lebensgebieten einmal zu erproben und Versuche darüber anzustellen, inwieweit diese auch dort ihre Gültigkeit haben.

Wer das Leben dieses großen Weisen aus Griechenland nach den überlieferten Aufzeichnungen ernsthaft erforscht, wer die Wege und Umwege verfolgt, die jener Sucher beschritt, um seiner Sehnsucht nach Erkenntnis die goldene Schale der Erfüllung zu reichen, seinem Durst nach Wissen und Wahrheit den Trunk der Weisheit zu schenken, ist mit einem Male fest davon überzeugt daß der Weg dieses Weisen d e r M e n s c h e n - w e g im allgemeinen und besonderen ist.

Auf der Suche nach den Gesetzen der Zahl und ihren Verhältnissen zueinander, nach denen der Formen und des Kreises, nach den Gesetzen der Harmonie schlechthin, fand der Weise jene Lehrsätze, die noch heute auf Teilgebieten des Lebens unantastbar und verbindlich sind und zu Nutz und Frommen, häufig aber auch zum Schaden und Verderben der Menschheit ihre Anwendung finden. Auf Teilgebieten des Lebens, sagte ich, und doch – so scheint es – lassen sich seine Lehrsätze und Gleichungen auf mehr als nur diese Teilgebiete anwenden: auf das ganze Leben, das gesamte Weltbild als der Summe aller Einzelteile.

«Von der Vielheit zur Einheit» – dieses Motto könnte man als Leitbild des großen Weisen aus Samos über sein ganzes Sein und Wesen setzen. Von der Vielheit zur Einheit – heißt nichts anderes als: vom Teil zum Ganzen!

Wenn ein Krug zerbrochen ist, so mag es möglich sein, mit einem seiner Scherben noch Wasser zu schöpfen und seinen Durst zu stillen, indem der Durstige sich zehnmal zum Brunnen neigt und schöpft. Wenn der Durstige jedoch Wert auf Wasserreserven auch für jene Zeit legt, zu der er möglicherweise nicht schöpfen kann, wenn er sich mit einem Scherben nicht begnügt, mit einem Teil nicht zufrieden ist und die immer stärker werdende Sehnsucht in sich verspürt, den ganzen Krug wieder zu besitzen, den ganzen Krug der Wahrheit und des Wissens, sollte er dann nicht aus dem Mosaik der Scherben, die allenthalben vorhanden sind, den ganzen Krug wieder zu fügen versuchen?

Denn der Krug ist zerbrochen, der Krug der ganzen Wahrheit, und er bleibt es, solange der Durstige sich mit Scherben begnügt. Er bleibt es, solange wir weiterhin dem Zeitalter der Spaltung huldigen, dem Zeitalter des Materialismus, dem Zeitalter der Fische, die eine Zweiheit von Anbeginn an darstellten, diesem Zeitalter, das endet und enden muß, denn es hat die Spaltung bis ins kleinste Atom vollzogen. Sowohl die Wissenschaft als auch die Kirche und der Staat stehen vor der Tatsache des Irrtums, daß in der Spaltung das Heil der Welt, größte Kraft und letzte Weisheit liege.

Der Krug ist zerbrochen, und unsere Aufgabe ist es, aus den Scherben der Vielheit wieder eine Einheit zu formen; zu verbinden, wo bisher gespalten wurde, zusammenzufügen, wo bisher das Teilen oberste Richtschnur war, die sich selbst ad absurdum geführt hat. Nicht «atomare» ist Gebot der Stunde, sondern «religare» – und das heisst: wiederverbinden.

Pythagoras, einer der großen Vertreter «der Mitte», der Weise aus Samos, gab einige Schlüssel an seine Nachwelt weiter. Er will es nicht, daß seine vielgerühmten Lehrsätze weiterhin nur auf den Gebieten des Materialismus ihre Anwendung finden. Er kämpft noch heute darum, daß diese gefundenen Schlüssel endlich auch im Idealismus, im Geistigen und Seelischen, nicht nur im Körperlichen, angewendet werden. Denn sie sind es, die einem neuen Zeitalter Wegbereiter sind, die Klarheit schenken über Weg und Werdegang aus der Vielheit zur Einheit. Er ist es, der immer wieder ruft und sagt: «Wer Augen hat, zu sehen, der sehe!»

Es sollen keine Lehrsätze sein, keine Gleichungen, die hier aufgestellt werden. Es ist nichts weiter als der Versuch, der Aufforderung des großen Weisen nachzukommen und die Aufgabe zu lösen, die er am Ende seines Lebens, unausgesprochen und doch hörbar, nicht in die Form des Wortes gekleidet und dennoch deutlich verständlich, gleichsam als ein Vermächtnis an seine Nachwelt richtete:

«Suche die Form, die der ‹heiligen Zahl Eins› entspricht und die durch Teilung – oder das Quadrat der Teilung – deinem Auge die drei anderen ‹heiligen Zahlen›, die Vier, die Sieben und die Zehn, sichtbar macht. Hast du sie gefunden, so erkennst du nicht nur, wer oder was du bist; du erkennst auch, wo du stehst, wo die Mitte ist und das Ziel deines ganzen Menschenweges. Und vieles andere wirst du überdies erkennen. Wer Augen hat, zu sehen, der sehe...»

Wer war Pythagoras? Die bekanntesten Daten finden sich in jedem Nachschlagewerk. Im Brockhaus heißt es: «Pythagoras, Philosoph aus Samos, geboren angeblich 497/496 vor Christus; sein Leben und seine Person sind sagenumwoben. Er lehrte die Zahl als Wesen aller Dinge und die Harmonie des Alls (Sphärenharmonie). Die Entdeckung der Gesetzlichkeit schwingender Saiten und der Pythagoreische Lehrsatz (im rechtwinkligen Dreieck)

$$a^2 + b^2 = c^2$$

werden auf ihn zurückgeführt. Er stiftete in Kroton einen Bund, der die Wissenschaft pflegte, sittlichen und religiösen Zielen diente und besonders in den unteritalienischen und sizilianischen Griechenstädten politischen Einfluß gewann. Die Pythagoreer bildeten bis ins 4. Jahrhundert eine einflußreiche Philosophenschule. Pythagoreische Gedanken sind bei Platon und später wirksam.»

Egmont Colerus hat in seinem ausgezeichneten Werk «Pythagoras» (1926/1936) anhand von Quellenmaterial der Alten, wie Herodot, Strabon, Jamblichos, Platon, unter anderem die Werke von Röth: Geschichte unserer abendländischen Philosophie; Gomperz: Griechische Denker; Zeller: Die Philosophie der Griechen in ihrer geschichtlichen Entwicklung; Cantor: Vorlesungen über Geschichte der Mathematik; Deussen: Allgemeine Geschichte der Philosophie mit besonderer Berücksichtigung der Religionen; Brugsch: Religion und Mythologie der alten Ägypter; von Schroeder: Pythagoras und die Inder; sowie die hellenistischen Schriften Friedrich Nietzsches und zahlreiche andere Werke allgemein geschichtlichen und kunsthistorischen Inhalts – herangezogen. Von ihm ist wesentlich mehr über Leben und Werk des großen Weisen zu erfahren, und sein Werk ist es gewesen, das mir – schon seit Jahren – um die Zeit der Osterfeiertage immer wieder zum Gegenstand meditativer Betrachtungen wurde.

Pythagoras war ein Meister, der – wie andere wirkliche Meister – das in der Tat lebte, was er erkannt hatte. Er war ein Eingeweihter, der dem Weltbild seiner Zeit den Stempel seiner Persönlichkeit aufdrückte, wie Jesus, der Christus, ein Meister und Eingeweihter war, der unserem Weltbild das Gepräge gab.

Mehrere Jahre hindurch (1957–1959) habe ich an jedem Karfreitag das Werk von Colerus wieder zur Hand genommen, um es nahezu immer erst am späten Abend des Ostermontags wieder in den Bücherschrank zurückzustellen. Ein fast unerklärbarer Wunsch ließ mich eine ganze Anzahl von Zeichnungen anfertigen, mit denen ich auf die «Suche nach der Form» ging, die so vieles erkennbar machen sollte. Es war manchmal geradezu ein Zwang über mir, erneut im Buche nachzulesen, wenn eine unüberwindliche Schwierigkeit aufgetaucht war und ich schon resignierend meine Suche aufgeben wollte.

Mehrmals glaubte ich, jene geforderte Form gefunden zu haben, aber der Beweis, daß sie es wirklich sei, wollte mir lange Zeit nicht gelingen. Die Hinweise waren zwar gegeben, aber: wie sollte man «durch Teilung – oder das Quadrat der Teilung» dem Auge die drei anderen Zahlen, Vier, Sieben und Zehn, die als Teleoiszahlen bekannt sind und «heilige Zahlen» genannt werden, erkennbar machen, wenn die Form selbst die «heilige Eins» darstellen mußte?

Ich glaubte, einiges gefunden zu haben. Die Vier durch Teilung zu finden, war verhältnismäßig leicht, aber die Sieben und die Zehn? Es gelang erst nach Jahren, nach immer neuen Versuchen, die sich erst in den Ostertagen 1959 abzurunden begannen und darstellen ließen.

Sämtliche erklärenden Zeichnungen, die innerhalb dieser «Studien» benötigt werden, sind erst Ostern 1959 und 1960 ins Reine gebracht worden. Und wenn im Rahmen dieses Buches einiges davon gesagt oder gezeigt werden soll, so möchte ich dies nur unter dem Vorbehalt tun: Irren ist menschlich! Darum nochmals: Es sollen keine Lehrsätze sein, was hier in Worte gefaßt oder in Zeichnungen gezeigt wird. Es sind lediglich Studien, die dennoch hilfreich sein, es sind Hypothesen, die den einen oder anderen etwas erkennen lassen können, dessen er vielleicht gerade im Augenblick seines Lesens bedarf.

Ehe wir gemeinsam auf unsere Reise nach Griechenland und damit auf die Suche nach der geforderten Form gehen, möchte ich das Zahlengebet zitieren, das der Weise Pythagoras am Ende seines Lebens der Nachwelt als Schlüssel in die Hand gab, um weitere Räume unseres Weltbildes zu öffnen. Dieses Zahlengebet ist für das «Finden» der hypothetischen Form auch für mich der Schlüssel gewesen in einem Augenblick, als ich die Suche bereits aufgeben wollte, im Gefühl, dieser gestellten Aufgabe nicht gewachsen zu sein. Ob ich es jetzt bin, ist die Frage. Und wenn es gelungen sein sollte, so war dies ganz gewiß nicht mein Verdienst.

Das Zahlengebet des Pythagoras lautet, von Colerus aus dem Griechischen in freier Nachdichtung wiedergegeben:

31

«Gnad' uns, gepriesene Zahl,
du Mutter der Götter und Menschen,
heilige Vierzahl du,
o Urquell, enthaltend die Wurzel
ewigen Werdestroms.

Aufsteigend vom Grunde der Einheit,
die verborgen noch und nicht vermischt
im Allbeginn ruhte,
leitest du, göttliche Vierzahl,
zu allumgrenzender Fülle,
hin zu der Schlüsselhalt'rin des Alls,
zu der heiligen Zehnheit.

Zahl jedoch ist Abbild
und Gleichnis jeglichen Wesens.»

*

VIELHEIT UND EINHEIT

Anhand des Lehrsatzes von Pythagoras:
$$a^2 + b^2 = c^2$$
(die Summe der beiden Kathetenquadrate beim rechtwinkligen Dreieck sind gleich dem Hypotenusenquadrat), schien es mir selbstverständlich, daß die «gesuchte Form» ein rechtwinkliges Dreieck sein müsse. Wenn dieses jedoch durch Teilung – oder das Quadrat der Teilung – eine gleichmäßige Vielheit erkennbar machen sollte, so mußte es eigentlich ein rechtwinkliges und gleichzeitig gleichschenkliges Dreieck sein. Eine Pyramide? O ja, der Gedanke lag nahe, denn jene alten Zeugen der Menschheitsgeschichte, die sowohl in der Baukunst der Mayas als auch der Ägypter bis zum heutigen Tage erhalten geblieben sind, schienen mir schon seit eh und je, schon von Jugend an, Ewigkeitswerte zu bergen oder doch zumindest davon zu künden.

Ich zeichnete mir ein rechtwinkliges, gleichschenkliges Dreieck (siehe Figur 1), obwohl mir bekannt war, daß

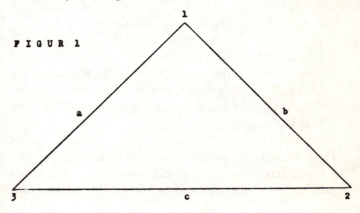

FIGUR 1

Pythagoras seinen Schülern angedeutet hatte, daß seine Gesetze für Dreiecke, deren Katheten gleiche Größen aufwiesen, nicht anwendbar seien. In solchem Falle, sagte er, habe die Länge der Hypotenuse keine «ausdrucksmögliche Größe», sei also ein Alogon, eine Vernunftwidrigkeit. Aber gerade dieser Hinweis schien mir reizvoll und wesentlich. Ist das Alogon, die Vernunftwidrigkeit, nicht geradezu Sinnbild alles Lebendigen? Sind nicht Vernunftwidrigkeiten gerade in unserer Zeit in höchster Blüte?

Wenn die Länge der Hypotenuse (Länge c in Figur 1) auch keine «ausdrucksmögliche Größe» bei Dreiecken mit gleichen Katheten (Längen a und b in Figur 1) darstellte, so wußte ich doch, daß der Lehrsatz des Weisen auch bei diesen Dreiecken seine absolute Richtigkeit habe. Und gerade w e i l bei dieser Form des Dreiecks die Hypotenuse «keine ausdrucksmögliche Größe» ergab, glaubte ich darin eine Bestätigung meines hypothetischen Gedankens, der allem Suchen zugrunde lag, zu finden, der sich in folgender Gleichung zeigt:

Das Quadrat des Guten + das Quadrat des Bösen
sind gleich dem Quadrat von Schuld und Sühne!

Oder mit anderen Worten:
Das Ergebnis aller guten Taten eines Menschen im Quadrat plus Ergebnis aller gesetzwidrigen Taten im Quadrat ergibt das karmische Quadrat von Ursache und Wirkung!

Figur 1 stellte bei meinen Studien jene Einheit dar, die der Form nach «der heiligen Eins» entsprach. Ob sie es wirklich war, mußte sich erst beweisen. Die Teilung die-

34

ser Form und das Quadrat dieser Teilung sollten jene Vielheit erkennbar machen, in der sich die anderen drei «heiligen Zahlen», die Vier, die Sieben und die Zehn, sichtbar machen ließen.

Es schien mir selbstverständlich zu sein, daß bei der Form, die der heiligen Eins entsprechen sollte, «die Mitte im Gipfel» senkrecht über der «Mitte der Basis» liegen müsse. Ebenso selbstverständlich schien es mir, daß jeder Mensch ein Dreieck darstelle, ja sogar ein rechtwinkliges Dreieck sein könnte, wobei es völlig gleichgültig bliebe, in welcher Entfernung von der Hypotenuse, der «Basis alles Lebendigen», der «rechte Winkel» des einen oder anderen gebildet werde.

Es schien mir durchaus möglich zu sein, daß der «rechte Winkel» eines Menschen ganz wesentlich von der «Mitte der Hypotenuse» entfernt, mehr oder weniger hoch, irgendwo über ihr liege. Geradezu Vollkommenheit der Form aber schien es zu sein, wenn der rechte Winkel genau über der Mitte der Basis liege, und dies nicht nur bei der gesuchten Form, sondern im Leben jedes Menschen selbst.

TEILUNG DER EINHEIT

FIGUR 2

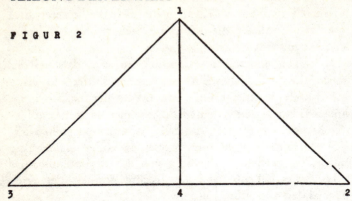

Zunächst galt es, aus der «hypothetischen Einheit der Form» eine Vielheit zu machen, und zwar der Aufgabe entsprechend durch einfache Teilung und das Quadrat der Teilung. Diese erste einfache Teilung zeigt *Figur* 2.

Während Figur 1 die Form darstellen soll, die der heiligen Zahl Eins entspricht und auch in dieser Form die Eins als Zahl sowohl in der Positiven als auch in der Negativen erkennbar ist (die positive Eins wird aus den Längen der Linien b und c gebildet, die negative Eins aus den Längen der Linien a und c), ergibt sich durch diese erste einfache Teilung bei Figur 2 die Verbindung der beiden Mitten der Basis und des Gipfels und damit als neuer gefundener Schnittpunkt die Zahl Vier. Was erkennt man aus dieser ersten Teilung?

Sichtbar werden:

a) eine erste Zweiheit innerhalb der Einheit der Form; ein rechts und links; ein diesseits und jenseits der «Mitte»;

b) der «kürzeste Weg» zwischen der Basis der Hypotenuse und der Spitze im Gipfelpunkt 1, gleichzeitig ein erster Buchstabe: Das I, die Ich-Rune des Menschen, die sich inmitten der Form von der Zahl 4 zur Zahl 1 aufrichtet;

c) die Zahlen Eins bis Neun! Die 1 zeigt sich nun bereits viermal, zweimal positiv und zweimal negativ. Man verfolge die Linien zwischen den Zahlen 3-1-4 und 1-2-3 für die positiven Einser, die Linien zwischen den Zahlen 2-1-4 und 1-3-2 für die negativen. Da die negativen Zahlen jeweils genau in der Umkehr der Linienverbindungen zwischen den Zahlen liegen, seien hier lediglich die positiven Zahlen und ihre Linienverbindungen angegeben. Die 2 (Linien 3-1-4-2), die 3 (Linien 3-1-4-1-2), die 4 (Linien 4-1-2-4-3), die 5 (Linien 3-4-1-2), die 6 (Linien 3-4-2-1-4), die 7 (Linien 1-4-3), die 8 (Linien 2-1-4-3-1-4-2), die 9 (Linien 1-4-3-1-2).

Alle Zahlen von 1–9 sind also in der erstmals geteilten Form bereits angedeutet oder vollkommen vorhanden. Und nun ein erstes Additionsergebnis: $1 + 9 = 10$.

Selbst diese 10 ist in der Form ablesbar, und zwar aus den Linien zwischen den Zahlen 3-1-4 für die Eins und den Linien zwischen den Zahlen 1-4-2-1 für die Null;

d) eine Anzahl von Buchstaben deutet sich an, die jedoch erst später für unsere Studien von größerer Bedeutung ist. Und doch: Augenscheinlich werden neben dem I der Ich-Rune der Buchstabe allen Anfangs, das A (Alpha), das sich aus der Teilung der Form des großen O (Omega) durch die Ich-Rune bildet.

Beide Teile rechts und links der Scheidelinie, rechts und links der beiden «Mitten», sind gleichwertig an Größe,

Rauminhalt und Formgestalt, dennoch stehen bereits die positive und die negative Teilform vor uns.

Jede Form, jedes Ding an sich, hat seine zwei Seiten, rechts und links der absoluten Mitte. Sieht man nicht schon jetzt, daß sowohl das «Gute» positiv und negativ sein kann, wie das «Böse» es ist, von dem Goethe im Faust sagt, daß es jene Kraft sei, die stets das Böse wolle und doch das Gute schaffe?

Die Verbindung zwischen der Basis alles Lebendigen, der Erde des Menschen, und dem Gipfel des Geistigen, dem sogenannten Himmel der Gottheit oder der Geistigen Welt, wird durch die Ich-Rune des Menschen gebildet. Und es erhebt sich die Frage: Sollte etwa die Ich-Rune des Menschen, der «gottgleich» geschaffen wurde, der «Baum der Erkenntnis des Guten und Bösen» darstellen? Die Antwort wollen wir vorerst offen lassen, denn sie ergibt sich aus den Studien ganz von selbst.

Mit den Füßen auf der Erde stehend, erreicht der Kopf der Ich-Rune den Gipfel der Gottheit. Mitten zwischen Gut und Böse steht sie senkrecht zwischen Himmel und Erde. Würde man ein Pendel im Gipfel 1 anlegen, das die Länge der Katheten a oder b hat (Figur 1), so würde es vom Punkt 2 zum Punkt 3 in der Spannweite der Bewegung die gesamte Basis der Hypotenuse, der Basis alles Lebendigen, umfassen (Linie c in Figur 1), nicht mehr und nicht weniger. Es würde – und dies sei schon hier festgestellt – niemals in den «luftleeren Raum außerhalb der Form» hinausschwingen können!

Man beachte: Die Addition der in Figur 2 gegebenen Zahlen =

$$1 + 2 + 3 + 4 = 10$$

Hier ist ein erster, wesentlicher Schlüssel erkennbar, der für die weiteren Studien unentbehrlich ist.

DIE ZWEITE TEILUNG

FIGUR 3

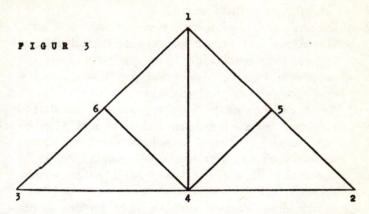

Figur 3 macht diese zweite Teilung deutlich. Sie ergibt sich aus den rechten Winkeln, die jeweils von der rechten und der linken Kathetenmitte zur Mitte der Basis (Hypotenuse) gezogen werden. Was wird erkennbar? Sichtbar werden:

a) eine erste Vierheit innerhalb der Einheit der Form; ein rechts und links, oben und unten, ein Diesseits-Oben und ein Jenseits-Oben, ein Diesseits-Unten und ein Jenseits-Unten;

b) drei Wege sind es nun bereits, die von der Mitte der Basis zur Höhe aufstreben. Zwei davon erreichen jedoch nur die halbe Höhe und enden in der Mitte diesseits und jenseits der 1 als Zahl, der Ich-Rune des Menschen;

c) neben der Ich-Rune, dem Baum des Lebens, wird die Lebensrune sichtbar, das Doppel-V des Vita Victoria, des siegreichen Lebens;

d) die bereits aus Figur 2 ablesbaren oder sich andeutenden Zahlen werden in Figur 3 mehrfach ablesbar und gestalten sich sowohl in positiver als auch in negativer Form schon deutlicher;

e) Buchstaben und Runenzeichen vervielfachen sich. Das Alpha und Omega treten wesentlich deutlicher hervor. Man beachte das erste große Quadrat, das aus Punkt 4 aufsteigt und über die Punkte 5 und 6 zur Höhe der 1 emporstrebt;

f) die gefundenen neuen Schnittpunkte mit den daraus sich von selbst ergebenden Zahlen 5 und 6 geben dem «ersten Quadrat» eine bemerkenswerte Quersumme. Das Quadrat hat seine rechten Winkel in den Zahlen $1 + 5 + 4 + 6 = 16$. Die Quersumme dieser $16 = 7$.

g) verschiedene Worte lassen sich leicht aus den immer deutlicher hervortretenden Buchstaben zusammensetzen, z. B. das Anrufungswort AUM, wobei darauf hingewiesen sei, daß das ursprüngliche U im Zeichen des V zu suchen und zu finden ist. Wir finden diese U-Form heute noch häufig an Museen oder Universitäten, z. B. in der Namensfolge CAROLVS MAGNVS.

Aufsteigend aus dem Grunde der Basis teilen die zwei «neuen Linien» der zweiten Teilung das rechte und das linke Feld (des Guten und Bösen?) in je zwei gleiche Teile. Nicht nur im Zeichen der Zahlen, auch in gleichwertigen Feldern zeigt sich die «heilige Vierheit». Vier gleiche Teile sind sichtbar. Zwei stehen rechts und links der Basis-Mitte «auf der Spitze», erreichen jedoch – im Gegensatz zu den beiden anderen, die über der rechten und linken Basishälfte sich erheben – die Spitze im Gipfelpunkt der hypothetischen Form.

Ein Zählversuch noch: Man zähle einmal, beginnend von der 1 im Gipfel und im Uhrzeigersinn die Schnittpunkte der Form, bzw. alle Punkte rings um diese Form, an denen sich Winkel bilden, ohne die jetzt bei Figur 3 eingesetzten Zahlen zu berücksichtigen. Es ergibt sich: dort, wo jetzt die 1 steht, steht ungeschrieben oder «ungesehen» auch die Sieben, so wie sich bei Figur 1 im Gipfelpunkt neben der 1 die Vier aus der Ringsum-Zählung ergab.

Es soll keine These (aufgestellter Leitsatz, Behauptung) sein, es soll auch keine Antithese (entgegengesetzte Behauptung), sondern nur eine Hypothese (unbewiesene, wissenschaftliche Annahme) sein, wenn ich sage: Schon aus der zweiten Teilung (Figur 3) wird klar, welche Seite dem Positiven zugehört und welche dem Negativen. Die linke Kathete trägt die Zahlenwerte $1 + 6 + 3 = 10$, die rechte $1 + 5 + 2 = 8$. Die linke Hälfte der Form wird gebildet aus den Zahlenpunkten $1 + 4 + 3 + 6 = 14$ (zweimal sieben), die rechte Hälfte fügt sich aus den Zahlenpunkten $1 + 4 + 2 + 5 = 12$ zusammen (zweimal sechs).

Ich persönlich bin geneigt, die beiden kleinen Dreiecke zwischen den Zahlen 3 und 6 und 4 und das Dreieck zwischen den Zahlen 4 und 5 und 2 mit dem Denkbegriff «kleines ich» zu bezeichnen, während das große Dreieck der Gesamtform zwischen den Zahlen 1 und 3 und 2 den Begriff «großes ICH» darstellt. Natürlich sind auch die Dreiecke zwischen den Zahlen 1 und 6 und 4, sowie zwischen den Zahlen 1 und 5 und 4 solche «kleinen iche». Aber diese sind ganz anders gelagert. Um diese verschiedenartige «Lage» der kleinen «iche» deutlicher zu machen, ist die Zeichnung der *Figur 3a* angefertigt worden. Sie zeigt:

a) zwei Einheiten «kleiner iche» auf der Basis der Hypotenuse, die insofern «ohne Mitte» sind, da sie ledig-

FIGUR 3a

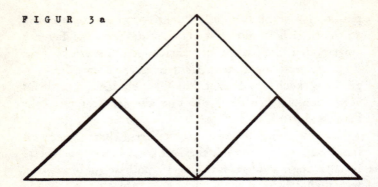

lich schwache Berührungspunkte mit dieser Mitte haben. Sie liegen rechts und links, deuten also ein «abseits der Mitte» an.

b) zwei Einheiten «kleiner iche», die sich zu einem Quadrat verbunden haben, das allerdings auf der Spitze steht, aber die ganze Ich-Rune als gemeinsame Mitte hat und sich mit der Mitte im Gipfel verbindet.

Wenn etwas «auf der Spitze» steht, gewissermaßen «auf Messers Schneide», so ist leicht Fanatismus erkennbar. In unserem Falle ist das Quadrat der kleinen iche jedoch wesentlich positiver zu bewerten als die beiden auf der Basis der Hypotenuse, die nahezu jegliche Mitte verloren haben. Auf was auch immer diese sichtbaren «Dinge zwischen Himmel und Erde» schließen lassen, soll vorerst jedem Leser selbst überlassen bleiben.

Sobald die Teilung der Form innerhalb dieser Studien, in denen es um das Auffinden der «Spur ins Ur» aller Dinge geht, nicht nur die Zahlen 1, 4, 7 und 10, sondern auch die gleichwertigen Felder dieser vier heiligen Zahlen deutlich zeigt, wird sich messen lassen, wie der einzelne Mensch heute aussieht, wo er steht, wo seine Mitte ist – und vieles andere mehr.

DIE DRITTE TEILUNG

FIGUR 4

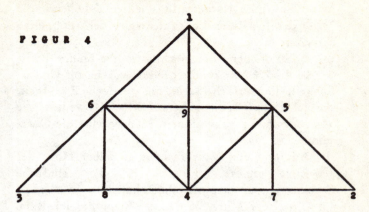

Sie ergibt sich (siehe Figur 4) aus den Verbindungen der Kathetenmitten zueinander und aus den Verbindungen der Kathetenmitten zu den Mitten der Basis rechts und links der «großen Mitte». Dadurch wird die Basis in vier gleiche Teile zerschnitten. Die Ich-Rune des Menschen wird halbiert, und es entsteht ein erstes «großes Kreuz» inmitten der Form. Diese dritte Teilung ergibt:
a) acht gleichwertige und gleichgroße Teildreiecke, von denen sechs nach aufwärts, zwei nach abwärts gerichtet sind;
b) drei Quadrate, von denen zwei rechts und links der Basismitte stehen. Das dritte wurde in Figur 3 bereits erwähnt und steht «auf der Spitze» zwischen den Zahlen 1-5-4-6-1;
c) die neugebildeten Schnittpunkte legen drei neue Zahlen, die 7, 8 und 9 fest;
d) die Zahlenadditionen ergeben bei der rechten Kathete: $1+5+2 = 8$, bei der linken Kathete: $3+6+1 = 10$; in der Mitte der Ich-Rune $4+9+1 = 14$;

e) die rechte Kathete zeigt die «Acht der Unendlichkeit», die linke Kathete die «heilige Zehnheit», die Mitte der Ich-Rune die Zahlenwerte der «doppelten Sieben»;

f) die Addition der Waagerechten ergibt in der Basis: $3+8+4+7+2 = 24$, die dreifache Acht der Unendlichkeit, die vierfache Sechs, die zweifache Zwölfheit, die achtfache Dreiheit, die zwölffache Zweiheit, die vierundzwanzigfache Einheit. Man beachte die Quersumme aus $24 = 6$!

g) die Addition der Waagerechten in halber Höhe der Ich-Rune ergibt: $6+9+5 = 20$, die zehnfache Zweiheit – oder die zweifache Zehnheit;

h) im Gipfel der Mitte, zu der der Kopf der Ich-Rune hinaufreicht, steht einsam und einzig die Eins als einfache Einheit!

i) die sich ganz von selbst bildenden Buchstaben ergeben bereits eine Vielheit;

j) im Gegensatz zu Figur 3, die innerhalb der Form nur Aufwärtsbewegung und Aufwärtsrichtung zeigt, erkennt man bei Figur 4 bereits das Ost und West, das zweifache Abwärts; vier «Unten» und zwei «Halbunten» stehen zwei «Oben» gegenüber, zwei aufwärts-gerichtete und ein abwärts-gerichtetes «geteiltes Dreieck» tragen die «geteilte Einheit auf halbem Wege»;

k) Zahlen und Runen zeigen sich bereits in positiv-aufgerichteter Form;

l) inmitten des großen Quadrats aus den Zahlen 1-5-4-6-1 steht das erste «große Kreuz» mit dem Schnittpunkt der Zahl 9, und zwei Quadrate, diagonal durchschnitten, stehen auf der Basis rechts und links der Basismitte 4.

«Zahl jedoch ist Abbild und Gleichnis jeglichen Wesens», so hieß es im Zahlengebet des Pythagoras. Keine Zahl wurde wahllos oder «zufällig» in die Form eingesetzt, auf deren Bedeutung erst später eingegangen werden soll, wenn innerhalb der Studien ein jeder Leser seine beiden «wesentlichsten Zahlen» selbst errechnen gelernt hat und «seine Zahlen» innerhalb der Form suchen und finden kann. Er wird «sein Zeichen» erkennen, seine Diesseits- und sein Jenseitszeichen, seine Diesseits- und seine Jenseits-Form!

Daß zwischen Buchstabe und Zahl Beziehungen bestehen, daß jeder Zahl ein Buchstabe zugehört und jedem Buchstaben eine Zahl eigen ist, dürfte weithin bekannt und anerkannt sein. Weniger geläufig dürfte es sein, daß Namen und deren Buchstaben- und Zahlenwerte in Relationen zueinander stehen und mancherlei Schlüsse bieten, die heutzutage allzu wenig Beachtung finden. Daß aber eine Form seit Jahrtausenden gegeben ist, die sowohl die Relationen zwischen Zahlen und Buchstaben und darüber hinaus unendlich vieles mehr erkennbar machen, scheint unbekannt zu sein.

Aufgabe und Zweck dieser Studien ist es, zunächst die Form zu finden und diese, der Aufforderung des Pythagoras entsprechend, dadurch zu bestätigen, daß sie die vier «heiligen Zahlen» 1, 4, 7 und 10 sichtbar macht, nicht nur in den bis jetzt mit Figur 4 gegebenen Zahlen, sondern auch in gleichwertigen Formen innerhalb der Form selbst. Wenn dies gelingen sollte – es scheint so –, so soll und wird diese Form Aufschlüsse bieten und Dinge sichtbar machen, die man gegenwärtig nicht mehr klar sieht.

Bei Figur 4 können ohne weiteres die Buchstabenfolgen zu Worten gefügt werden. Wer Augen hat zu sehen,

45

der sieht AUM HUM, oder AUM MANI PADME HUM. Auch andere Worte sind klar und deutlich ablesbar, wie TAO, ICH, DU, ALL, AMEN, EWIGKEIT, JEHOVA, BUDDHA, und andere Namen mehr.

Wer kombinieren will, der kann es. Und wer meditieren will, der meditiere: ICH BIN ALPHA UND OMEGA, die EINS in dir, der WEG von der BASIS zum GIPFEL, ICH BIN DAS LEBEN...

Eigenartig und doch sinnvoll scheint es, daß die Namen JESUS oder CHRISTUS noch nicht ohne weiteres in dieser Figur 4 erkennbar sind oder ablesbar werden. Warum? Unterstand der «vollkommene Mensch», der «Eins mit dem Vater» war, einer anderen Zahl als der Vier? Ist nicht die Zahl der Vollkommenheit erst die Sieben?

WO IST DIE SIEBEN?

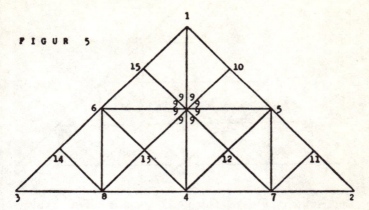

FIGUR 5

Ostern 1957, von Karfreitag bis Ostermontag, betrieb ich die ersten Studien mit verschiedensten Zeichnungen, suchte «die Form», aber – sie wollte sich nicht bestätigen. Die fertige Zeichnung (Figur 5) mit der vierten Teilung lag vor mir und erste Bedenken tauchten auf, denn «kombinieren allein» wollte ich nicht. Aus den acht Feldern der Figur 3 waren sechzehn geworden, gewiß: 16, und $1+6=7$. Ein kleiner Trost fand sich in der Feststellung, daß diese 16 das Quadrat der Vier sei und – wie es im Zahlengebet hieß – diese Vierheit sich tatsächlich als «Urquell» und «Wurzel ewigen Werdestroms» bestätigte. Aber diese «Kombination der Zahl» befriedigte mich nicht. Und wenn ich an die 10 dachte, die sich ebenfalls noch bestätigen sollte, nicht nur in der Zahl, sondern in gleichwertigen Feldern, lag mehrmals der Gedanke nahe, die Suche aufzugeben, im Glauben, diese Form müsse falsch sein.

Ich zeichnete damals zwar Figur 6 noch und sah nur mehr ein Gewirr, eine Vielheit von Linien, Kreuzungen,

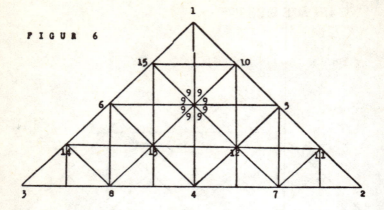

FIGUR 6

Senkrechten, Waagerechten, Diagonalen und Zahlen. Diese fünfte Teilung ergab bereits 32 Felder und Teildreiecke, aber niemals «sieben» oder «zehn». Ich gab es für dieses Jahr auf.

Ein Jahr später, wieder am Karfreitag, griff ich erneut nach meinen Blättern und Zeichnungen, las das Zahlengebet immer wieder, versank auch zeitweise in erneutes Studium des Lebens und Wirkens des großen Weisen Pythagoras und las davon, daß die Jünger und Anhänger des «Weisen von Samos» noch zu Lebzeiten ihres Meisters an jenem Ort, an dem Pythagoras den Gipfelsatz seiner Mathesis verkündet hatte, ein Denkmal errichteten. Ein mächtiger Würfel aus weißem Marmor war der Sockel dieses Denkmals. Die Oberfläche dieses Kubus aber überhöhten zehn kleine Säulentrommeln, die als ein Sinnbild der heiligen Zehnheit, aufsteigend aus der Vierzahl, in der Form eines Dreiecks bis zur Einheit sich verjüngten, wobei die unterste Reihe, die auf dem Würfel aufsaß, aus vier Zylindern gebildet war. Über den Zwischenräumen der untersten vier Zylinder standen die drei der nächsthöheren Reihe. Über deren Zwischenräumen stand die Brücke der zwei Zylinder, und als Spitze über dieser Zweiheit erhob sich der letzte Säulenstutzen, der eine ...

Ich zeichnete mir dieses Denkmal auf (siehe Figur 7), verglich es mit Figur 5 und sah, daß die Vier «der unteren Reihe» vorhanden war. Bei Figur 6 fand sich die zweite Reihe der Drei, die dritte Reihe der Zwei und die «alleinthronende» vierte Stufe der Eins mit einem letzten Dreieck. 4 + 3 + 2 + 1 = 10. Ja, aus der Vermählung

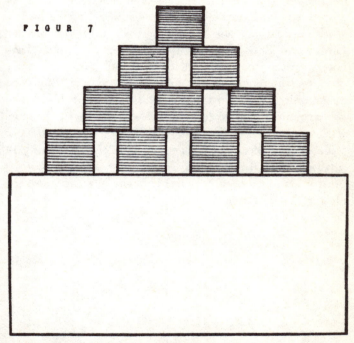

Das Denkmal des Pythagoras (Figur 7)

FIGUR 8

der ersten vier Zahlen unseres Zahlensystems: 1, 2, 3 und 4 entstand tatsächlich die «heilige Zehnheit». Es wurde ersichtlich, wie Einheit und Vielfältigkeit hierbei Gipfel und Basis darstellten. Der Übersichtlichkeit halber wurden jene zehn gleichwertigen, sämtlich nach oben gerichteten Felder in Figur 8 schraffiert. Ein Vergleich mit Figur 7 ist beweiskräftig. Dennoch müssen wir nochmals zurück zur Figur 5, die die vierte Teilung wiedergibt.

Figur 5: Erkennbar werden viele Buchstaben des Alphabets, viele Runen, eine Vielheit von Zahlen, sowohl positiv als auch negativ in der Umkehr. Wesentliche Vergleiche sind folgende:

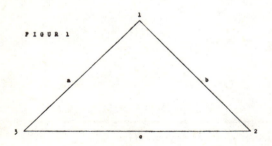

FIGUR 1

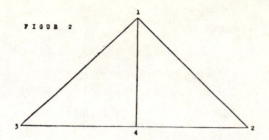

FIGUR 2

a) Figur 1 ist in Figur 5 bereits 16mal enthalten; 8 auf der Spitze, 6 aufwärts- und 2 abwärtsgerichtet;
b) Figur 2 ist in Figur 5 achtmal enthalten; 6 aufwärts-, 2 abwärtsgerichtet;
c) Figur 3 ist in Figur 5 viermal enthalten; 3 aufwärts, 1 abwärts und eine erste Überschneidung wird erkennbar. Man beachte die Form der Figur 3 in den Zahlenpunkten 7-9-8-7!

An Neuem in den Zählversuchen ergibt sich:

bei Figur 4 ergibt die Ringsum-Zählung vom Gipfelpunkt der 1 wieder zum Gipfelpunkt die zusätzliche Zahl 9; 1+9 = 10!

bei Figur 5 ergibt die Ringsumzählung im Gipfelpunkt der 1 die Zusatzzahl 13; 1+3 = 4! 1+13 = 14! Zweimal Sieben!

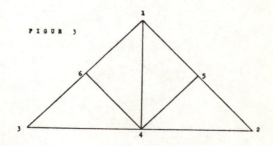

FIGUR 3

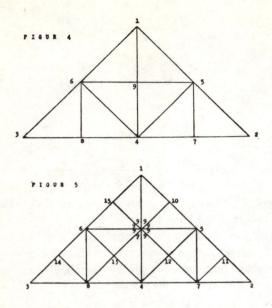

An neuen Zahlenschnittpunkten werden durch die vierte Teilung (Figur 5) gebildet: die 10, 11, 12, 13, 14, 15. Aber – die Sieben, als sichtbare Feld-Einheiten, blieb unauffindbar. Die «kombinierte Sieben» aus den 16 Feldern ergab sich aus dem Quadrat der Vier, aber sie kann aus Figur 5 noch nicht «gesehen» werden.

DIE FÜNFTE TEILUNG

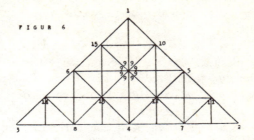

Analog der bisherigen Methode werden hier (siehe Fig. 6) durch wenige neue Linien sämtliche bisher gewonnenen 16 Dreiecke nochmals geteilt und ergeben 32 Teil-Dreiecke (3+2 = 5. Teilung). In dieser Figur ist alles enthalten, was es an Zahlenwerten, Symbolen, Buchstaben, Runen, Tierkreiszeichen usw. gibt. Also mußten doch auch die «Sieben» als Feldeinheiten darin enthalten sein, wie sich die «Zehn» als gleichwertige Feldeinheiten aus Figur 5 bereits hatten entwickeln lassen. Es gelang mir nicht.

Ich fand zwar 12 diagonal durchschnittene Quadrate und sowohl an der rechten als auch an der linken Kathetenseite je vier Stufen-Dreiecke. Ich sah, daß sich jene durch erste Teilung ergebende Form nun vervielfacht hatte und nur mehr im «Gipfel» mit den Zahlen 1-10-15-1 klar und erhöht, unbelastet und frei stand. Es war erkennbar, daß von der Basis aus nun drei große Stufen überwunden werden mußten, wenn das Ziel im Gipfel erreicht werden sollte.

Nun waren es sechs auf der Spitze stehende Quadrate, jeweils von einem Kreuz durchzogen, darüber hinaus drei Quadrateinheiten zu je vier Quadraten, von denen zwei rechts und links der Basismitte stehen, während das eine sich über der ersten Stufe erhebt, mitten innerhalb der Form, von der Basis ebenso weit entfernt wie vom Gipfel.

Nun waren es drei Kreuze bereits und ein Diagonalkreuz außerdem, das die Ich-Rune des Menschen durchschneidet und teilt, Pfeilen gleich, die vierfach ein Herz durchbohren. Ein Labyrinth von Wegen, der Struktur des menschlichen Gehirns ähnlich, schien dem ursprünglich geraden und freien Weg von der Basis zum Gipfel (durch die Ich-Rune in Figur 2 oder 3 dargestellt) immer neue Sperren zu legen, die Ich-Rune selbst zu umgarnen, sie einzuschnüren und unter ein Netz zu stellen. Nur die Spinne fehlt noch – in diesem Netz. Aber auch diese ist da.

Wie sollte man in dieser Irr- und Wirrnis, dem Produkt bewußter und gewollter Spaltung, die «Heilige Zahl der Vollkommenheit», die Sieben herausfinden können? Ich fand sie nicht, und damit endeten meine Pythagoras-Studien zu Ostern 1958.

Eine Vorstellung wollte jedoch nicht schwinden. Ich sann lange darüber nach. Wie würde die Form aussehen, würde man das Produkt der Spaltung «bis ins kleinste Atom» in diese einzeichnen wollen? Würde nicht dort, wo jetzt noch freie, weiße Stellen, ohne Liniengewirr und Kreuz- und Schnittpunkte, sichtbar sind, eine Linie die andere geradezu überdecken und ins Unendliche zerschneiden und zerstückeln? Und die Form selbst? Würde diese nicht ein einziges Feld aus «Schwarz» ergeben?

Und doch, nach der 5. Teilung (Figur 6) sind noch unzählige Teilungen geschehen. Und zwei weitere Teilungen werden wir – später – noch durchführen müssen, um Zahlenschlüssel nachzuweisen, die im Augenblick

54

noch belanglos, für die praktische Auswertung der Form jedoch von wesentlicher Bedeutung sind.

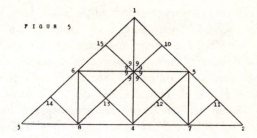

FIGUR 5

Betrachten wir kurz nochmals Figur 5: Im Herzpunkt der 9 bilden sich acht Winkel. Und die Acht ist Zahl der Unendlichkeit. Achtmal wird der Herzpunkt dieser 9 (von unten und oben) von Pfeilen durchbohrt, ehe die Ich-Rune wieder freier wird und das Spinnennetz der Täuschung und des Scheins verläßt und sich (siehe Figur 6) nur einmal noch an einem «Kreuzweg» befindet, um endlich sich um die Eins in die «heilige Zehnheit» zu erhöhen.

Sieht man nicht förmlich die Aufgabe aus dieser Schlüsselzahl, daß alle Kraft im Quadrat der Dreiheit zur Dreieinigkeit gesteigert werden muß, daß Herzdenken im Schnittpunkt der Unendlichkeit geradezu Voraussetzung ist, das erdgebundene und basisverhaftete Gewirr aus Für und Wider des materiellen Denkens zu überwinden und endlich den «Weg heim zum Gipfel» wiederzufinden?

Wer Augen hat, der sieht schon jetzt wesentlich mehr, wenn auch die Sieben, die innerhalb der Form sein muß, soll sie Beweiskraft haben, noch immer nicht gefunden war...

DIE TEILUNG DER SIEBEN

Am Karfreitagmorgen 1959 holte ich, einer inneren Neigung folgend, noch einmal alle Studien und Zeichnungen der Vorjahre herbei und beschäftigte mich mehrere Stunden mit diesen. Aber die «Sieben» als Zahl gleichmäßiger Teile innerhalb der Form ließ sich nicht entdecken. Plötzlich fiel mir ein, die 7 als Zahl einmal rechnerisch zu teilen: 7 = zusammengesetzt aus 3+4. Ich holte sofort das Blatt mit der zweiten Teilung hervor (Figur 3 dieser Studien), auf dem eine erste «Vierheit» sich klar und eindeutig ergeben hatte. Wer diese Figur 3 ein wenig betrachtet, wird sehr bald erkennen, daß eine andere «Vierheit» innerhalb der Form noch vorhanden ist. Diese «andere Vierheit» zeichnete ich mir auf (siehe Figur 9).

Im Gegensatz zu Figur 3 zeigt Figur 9 nicht die «halbe Form und ein Viertel der Form», sondern jene vier Viertel der «halben Basis und halben Höhe» der Form, nicht die zwei auf die Spitze gestellten Dreiecke, die ihre Hy-

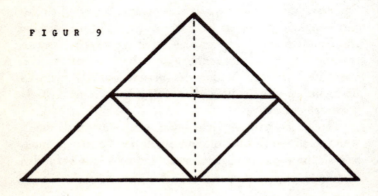

FIGUR 9

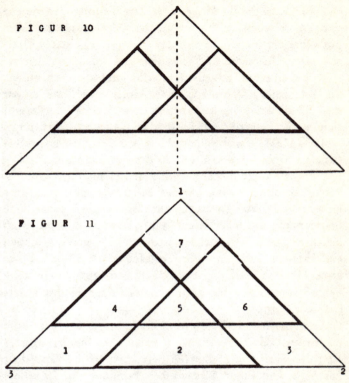

potenuse aus der Ich-Rune bilden, sondern jene zwei Dreiecke, die diese Ich-Rune halbieren.

Nun suchte ich nicht mehr die Sieben, ich suchte nur noch die Einheit der Drei im Mittelpunkt der Form, denn die Vierheit war ohne Zweifel vorhanden. Die zur Entwicklung einer «absoluten Dreiheit in der Mitte der Form» notwendigen Zeichnungen sind hier entbehrlich. Das Ergebnis dieser Versuche zeigt Figur 10 in einer wichtigen Zwischenlösung, und Figur 11 als Endlösung für die absolute Dreiheit innerhalb der Form.

Figur 9 zeigt die aus der dritten Teilung gewonnene «andere Vierheit». Ihre besonderen Merkmale sind: drei aufwärtsgerichtete und nur ein abwärtsgerichtetes Dreieck. Der Übersicht halber wurde die Ich-Rune der ersten Teilung nur angedeutet. Klar und deutlich stehen die Buchstaben A und O, das Alpha und Omega, vor uns. Und wohl in keiner anderen Formteilung ergibt sich so konzentriert das Meditations- und Anrufungswort «AUM», wobei das M mit seinen zwei großen Brückenbögen die gesamte Basis der Form umspannt.

Figur 10 zeigt die aus mehreren Zeichnungen entwickelte «absolute Zweiheit» der Mitte. Es gibt noch eine andere «absolute Zweiheit der Mitte» und sogar eine dritte noch, die jeder leicht selbst feststellen kann. Man beachte die Überschneidung, durch die gewissermaßen ein «kleines Ich» im «Großen Ich» sich bildet. Diese erste Überschneidung ist der Schlüssel zur Auffindung der «Sieben», als der Zahl gleichmäßiger Felder innerhalb der Form.

Anregungen zur Meditation sind im geflügelten Wort zu finden: «Zwei Seelen wohnen, ach, in meiner Brust!» Von der Basis des Erdhaften befreit, steht die «Zweiheit der Mitte» in Figur 10 zwischen Himmel und Erde. Sie deutet bereits an, wo die dritte Form der absoluten Dreiheit ihre Basis hat.

Figur 11 zeigt die absolute «Dreiheit der Mitte» unserer Form. Harmonisch aufstrebend, gleichsam mit beiden Füßen auf der Erde stehend (Körper), erheben sich jene «zwei Seelen in unserer Brust», den Flügeln eines Cherubs gleich, in ausgewogener Mitte. Der Kopf (Geist) darüber reicht in den Gipfel der Eins empor (Himmel der Einheit).

FIGUR 12

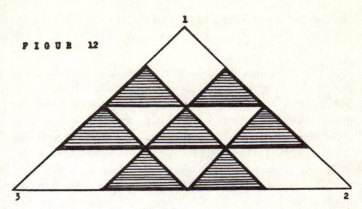

Man zähle einmal die Felder, die innerhalb des großen Dreiecks der Form sich gebildet haben: drei auf der Basis, drei in der Mittelhöhe, darüber das eine Feld des Kopfes! $3+3+1=7$. Dennoch ist erst eine Teillösung gegeben.

Figur 12 zeigt die aus Figur 9 und 11 (man denke sie übereinanderliegend) entwickelte «Sieben der Mitte», die absolute Sieben, die einzige, die innerhalb unserer Form möglich ist. Zur besseren Übersicht wurden jene sieben aufwärtsgerichteten Felder, die samt und sonders aus den Überschneidungen der Teildreiecke gebildet sind, schraffiert. Man sieht, vergleicht man mit *Figur 8*, die Sieben ist tatsächlich in gleichwertigen Feldeinheiten vorhanden und ist zugleich Teilform der «heiligen Zehnheit».

Sieben aufwärtsgerichteten Feldern stehen drei abwärtsgerichtete entgegen. Zehn Felder insgesamt sind vorhanden, die gleiche Größen haben, weitere drei sind vorhanden, die «außerhalb dieser Zehnerform» stehen. $7+3=10+3=13\ (1+3=4!)$.

SECHSTE UND SIEBENTE TEILUNG

Wenn man die Teilung der Form in jener Vielfalt durchführen wollte, die der Mensch als «Krone der Schöpfung» – vor allem im Zeitalter des Atoms – durchgeführt hat, so würde diese Form tatsächlich «ein einziges Feld aus Schwarz» ergeben, wie dies bereits im Abschnitt 10 («Die fünfte Teilung») angedeutet wurde. Im gleichen Abschnitt wurde gesagt, daß wir zwei weitere Teilungen noch durchführen müßten, die für die praktische Auswertung der Form von wesentlicher Bedeutung sind.

Teilung bis ins kleinste Atom? Sie ist erfolgt. Selbst dieses Atom versuchte man zu spalten. Ja, man hat es gespalten. Mit dem Lineal kann man eine Form jedoch nur solange «spalten» oder teilen, bis die Linien der Teilung so eng beieinander liegen, daß «keine weiße Fläche» mehr sichtbar vorhanden ist. Innerhalb unserer Studien sollen deshalb nur mehr jene zwei Teilungen durchgeführt werden, die sechste und siebente. Dann wollen wir zu fügen und zu verbinden beginnen, «religare» üben, statt «atomare», wie es der eigentlichen Aufgabe eines jeden Menschen entspricht.

Figur 6 zeigt die fünfte Teilung mit 32 Feld-Dreiecken an. Wesentliche Merkmale zwischen der Basis alles Lebendigen (Hypotenuse) und dem Gipfel der EINS waren die *drei Stufen* «vor dem Altar», die in den Zahlenpunkten 11, 5 und 10 an der rechten Kathete, in den Zahlenpunkten 14, 6 und 15 an der linken Kathete ihre «Ebenen» bilden.

Figur 13 zeigt die sechste Teilung mit dem Ergebnis von 64 Feld-Dreiecken an, von denen jeweils 6 an der

FIGUR 13

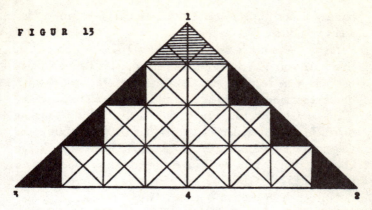

rechten und linken Kathete in Schwarz durchgezeichnet wurden, um sichtbar zu machen, daß trotz dieser erneuten Teilung die Stufen nicht vermehrt werden. Zwölf diagonal durchkreuzte Quadrate bilden gleichsam die großen Bausteine des Tempels, auf dessen oberer Plattform das «Allerheiligste» der Gottheit sich bis zum Gipfel der EINS erhebt. Hatte Jesus, der Christus, der «vollkommene Mensch» deshalb gesagt, daß er auf den zwölf

FIGUR 14

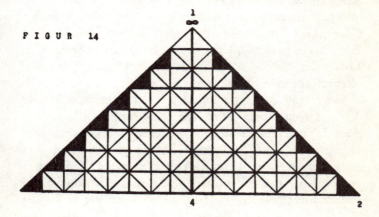

Säulen seiner Jünger «sein Reich» aufrichten wolle, das nicht von dieser Welt sei?

Figur 14 endlich zeigt die siebente Teilung mit dem Ergebnis von 128 Feld-Dreiecken an, von denen je sieben an der rechten und linken Kathete in Schwarz durchgezeichnet wurden, damit der «Sieben-Stufen-Weg» sichtbar werde. Ein Vergleich mit Figur 13 macht deutlich, daß über der Plattform der siebenten Stufe, im Gegensatz zu der dritten Stufe, nicht mehr drei Wege «hinauf zum Gipfel der Eins» möglich sind, sondern nur mehr ein EINZIGER.

Nur noch in diesem obersten Gipfel-Dreieck über der «siebenten Stufe» erhebt sich klar und rein die wegweisende UR-FORM des ICH BIN, um sich nunmehr ganz bewußt, ohne den geringsten Umweg, um die EINS in die Acht der Unendlichkeit zu erhöhen ($7 + 1 = 8$).

Von der Basis der Hypotenuse bis zum Gipfelpunkt der EINS sowohl als gleichzeitig der «unendlichen Acht» muß die ICH-Rune sieben Kreuze überwinden. Ja, «überwinden». Sie muß sieben Kreuzwege der Entscheidung hinter sich bringen. Aber dies ist nur scheinbar so. Wer aufmerksam die Kreuzwege zählt, auch jene der Diagonalen, wird die «doppelte Sieben», nämlich 14 Kreuzwege zählen. 14 Stationen des Menschenweges. In fast jeder Kirche kann man diese 14 Stationen des «kreuztragenden Erlösers» wiederfinden.

Sieht man nicht förmlich, wie im Schnittpunkt der 4, der Geburtsstätte jedes kleinen Menschen-ich, das aus dem Hypotenusenquadrat des Jenseits ins Leben eintaucht und «auf den Weg» gesetzt wird, schon drei Möglichkeiten der Richtung sich abzeichnen? Einer nach rechts, einer nach links, der dritte senkrecht hinauf zur Höhe? Sieht man nicht förmlich, daß auf der Höhe der ersten Stufe ein erster Kreuzweg steht, während auf der Höhe der zweiten Stufe bereits drei weitere Kreuzwege hinzukommen? Im Schnittpunkt der dritten Stufe ist es wieder nur einer, im Schnittpunkt der vierten Stufe sind es wieder drei. Dann nochmals einer, nochmals drei und – nochmals ein letzter. $1+3+1+3+1+3+1 = 13$. Der 14. Kreuzweg liegt im Gipfelpunkt der EINS und ACHT zugleich.

Im Gipfel der EINS, der unendlichen ACHT, hat jeder Mensch seinen Weg «vollbracht».

Der 14. Kreuzweg, die 14. Station des «kreuztragenden Erlösers» ist seine Grablegung. Mit dieser endet sein irdischer Menschenweg.

Wer Augen hat zu sehen, der sieht noch wesentlich mehr.

Einige Beispiele:

1. Wo immer das Menschen-ich den goldenen Mittelweg der großen Ich-Rune verläßt, wo immer es sich nach rechts oder links wendet, macht es Umwege und verlängert nur «seinen Weg» in diesem gewaltigen Irrgarten zwischen Gut und Böse, der nicht von ungefähr große Ähnlichkeit mit der Struktur des menschlichen Gehirns aufweist.

2. Gleichgültig, welche Richtung auch immer das Menschen-ich einschlägt und wie weit es sich von der absoluten Mitte der ICH-Rune entfernt, es ist jederzeit in Verbindung mit ihr, ob in der Senkrechten oder in der Waagerechten, ja selbst in den Diagonalen der abseitigen Quadrate unserer Form.

63

3. Ist es nicht ein unendlicher Trost für den ganzen Weg des Werdens, Seins und Ver-Gehens, aller in jene Form eingeborenen Menschenkinder, daß kein einziges Ich sich innerhalb der Form soweit verlieren kann, daß nicht von jeder Stufe, jedem Standort aus eine Rückkehr in die Mitte des Großen «ICH BIN» möglich und damit ein Aufstieg zum Gipfel der EINS jederzeit offen ist?

*

Zusammenfassend wollen wir für die sich bestätigende Form festhalten: Durch einfache Teilung oder das Quadrat der Teilung hat sie, der Aufforderung des Pythagoras entsprechend, die heiligen Zahlen EINS, VIER, SIEBEN und ZEHN sichtbar gemacht, und zwar nicht nur in Zahlen und Zahlenverbindungen, sondern auch in vollkommen gleichwertigen Feld-Einheiten und in der Zahlenkombination. In den folgenden Abschnitten können wir nunmehr gemeinsam an die Auswertungsmöglichkeiten, sowohl theoretisch als auch praktisch, gehen.

Kehren wir nochmals kurz zum Ausgangspunkt dieser «Studien» zurück. Im Zahlengebet des Pythagoras hieß es: «Zahl jedoch ist Abbild und Gleichnis jeglichen Wesens». Seine Aufforderung lautete: Suche die Form, die der heiligen Zahl EINS entspricht und die durch Teilung oder das Quadrat der Teilung deinem Auge die drei anderen «heiligen Zahlen», die Vier, die Sieben und die Zehn, sichtbar macht. Hast du sie gefunden, so erkennst du nicht nur, wer oder was du bist, du erkennst auch, wo du stehst, wo die Mitte ist und das Ziel deines ganzen Menschenweges. Und vieles andere wirst du überdies erkennen. Wer Augen hat zu sehen, der sieht.

Mit der Rückkehr zum Ausgangspunkt unserer gemeinsamen Studien möchte ich die Entwicklung der Form beenden. Ehe wir jedoch an die Auswertung derselben gehen, möchte ich meinen Hinweis wiederholen, der schon im Abschnitt «Wer war Pythagoras» gegeben wurde: Es sollen keine Lehrsätze sein, was hier in Worte gefaßt oder in Zeichnungen gezeigt wird. Es sind lediglich Studien, die dennoch hilfreich sein, es sind Hypothesen, die den einen oder anderen etwas erkennen lassen können, dessen er vielleicht gerade in diesem Augenblick bedarf.

Wenn solches gelungen sein sollte, so war dies ganz gewiß nicht mein Verdienst.

VOM KLEINEN «ich» ZUM GROSSEN «ICH»

Ausgehend von dem Lehrsatz des Weisen Pythagoras: $a^2 + b^2 = c^2$ (die beiden Kathetenquadrate beim rechtwinkligen Dreieck sind inhaltlich gleich dem Hypotenusenquadrat), ausgehend ferner von den beiden Versionen, die mir für die geistige Auswertung der «gesuchten Form» anwendbar schienen, verglich ich zunächst einmal *Figur 1* mit der zuletzt entwickelten *Figur 14*. Dabei erkannte ich, daß Figur 14 schon rein äußerlich mit den wenigen Zahlen, die diese Figur umgeben, alle heiligen Zahlen aufweist. Die EINS der Spitze ist gleichzeitig positive und negative Eins der gesamten Form. Die Vier als heilige Zahl findet sich im Mittelpunkt der Basis. Die Sieben ergibt sich in den sieben Stufen von der Basis hinauf zum Gipfel. Und die Zehn bestätigt sich in der Ringsum-Zählung und der Addition von 1, 2, 3 und 4.

Die vierzehn entwickelten Figuren lagen vor mir, von denen die vierzehnte ganz für sich allein die wesentlichste zu sein schien, ohne daß ich zunächst wußte – warum? Ja, die heiligen Zahlen 1, 4, 7 und 10 hatten die Richtigkeit der gesuchten Form bestätigt. Fragen tauchten auf. War diese Bestätigung nicht nur eine rein äußerliche? Was sollte aus diesem Gewirr von Kreuzen und Quadraten, Diagonalen und einhundertachtundzwanzig Teil-Dreiecken erkennbar werden? Viele andere Fragen mehr waren es, die mich erfüllten.

Die Antwort lag in der Aufgabe selbst. Pythagoras hatte sie gegeben durch die Wortfolgen:

a) Zahl jedoch ist Abbild und Gleichnis jeglichen Wesens...

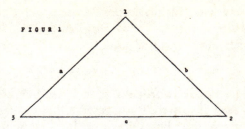

FIGUR 1

b) du erkennst nicht nur, wer oder was du bist...
c) du erkennst auch, wo du stehst...
d) du erkennst, wo die Mitte ist...
e) und das Ziel deines ganzen Menschenweges...
f) vieles andere wirst du überdies erkennen...
g) wer Augen hat zu sehen, der sehe...

Diese sieben Teilantworten zwangen mich, meine Fragen konkreter zu stellen. Einige davon seien erwähnt:

1. Woran erkenne ich, wer oder was ich bin?
2. Woran erkenne ich, wo ich stehe?
3. Was und wo ist die Mitte?
4. Worin besteht das Ziel eines Menschenweges?
5. Wo liegen die Gradmesser solchen Erkennens und Wissens?
6. Welcher Freund, welcher Lebensgefährte, welcher Mann, welche Frau – wissen schon «im Letzten», wer

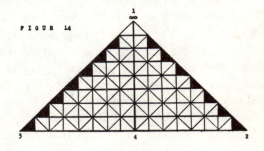

FIGUR 14

oder was sein Nachbar, sein Partner, sein Vater oder seine Mutter «im Innersten» wirklich sind?

7. Weiß ich selbst eigentlich, wer und was ich bin?

All diese Fragen wurden klar und deutlich beantwortet, und es war, als sei Pythagoras selbst es, der sie beantwortete: An der Form erkennst du alles! Warum hättest du diese sonst suchen sollen? Denke dir alle störenden Linien weg! Tue so, als seien nur einige wenige «wesentliche Linien» vorhanden. Denn das Produkt der Teilung und Spaltung ist nichts als ein *«Denken in störenden Linien».* Vom kleinen «ich» zum großen «ICH BIN» – das ist Weg, Wahrheit und Wissen!

Andere geflügelte Worte durchzogen meine Gedanken. Eines davon prangte einst in einer der äußeren Vorhallen des Heiligtums von Delphi in goldenen Buchstaben neben vielen anderen gnostischen Weisheits-Sprüchen. Es ist das vielsagende Wortpaar: *«Nichts zuviel!»* Ein weiteres Wort fiel mir ein: *«Erkenne dich selbst!»* Und ein drittes Wort noch klang auf: *«Ich bin der Weg, die Wahrheit, der Anfang und das Ende...»*

«Vom kleinen ‹ich› zum großen ICH BIN!» Die Aufforderung des Pythagoras war deutlich: Hebe die Teilung wieder auf! Sie ist geschehen, hundertfach, tausendfach... Verbinde, wo bisher geteilt wurde! Aus Vielheit mache Einheit! Aus Viel mache Wenig! Und dann: aus der Zahl 16 ziehe die Wurzel, denn 16 ist das Quadrat einer Zahl! Ziel aber sei dir jene Zahl, die Zahl und Wurzel zugleich ist!

Aber die Gedanken gingen weiter:

Aus vier mache drei! Aus drei dann zwei!

Dein SELBST wird von der Vielheit frei...

Und siehst du die Zwei, so mache sie EINS!
Das ist die Rätsellösung des SEINS!

Und wieder war das Wort von Delphi in mir: Nichts zuviel! Und jenes andere: Erkenne dich selbst!

Nichts zuviel! Welche Diskrepanz liegt allein in diesen zwei Worten! Betrachtet man das eine Wort für sich, das Wort NICHTS, so scheint es, auf die Waagschale des Lebens gelegt, allzu wenig zu sein. Betrachtet man das andere Wort für sich, das Wort ZUVIEL, so ist es jenes, das die Schale der Lebenswaage allzu oft nach abwärts bewegt. Erst die Kombination der beiden Worte macht aus Zweiheit EINHEIT, absolute Mitte, absolute Ausgewogenheit.

Bin ich nichts? Oder bin ich zuviel? Oder will ich zuviel sein? Nein, nichts ist NICHTS, und ZUVIEL ist zu viel! Erst, wenn ich weder Nichts noch ZUVIEL bin, BIN ICH!

Erkenne dich selbst! Hieß das nicht: Erkenne dein «ICH» SELBST? Das Wort «DICH» machte sich ganz von SELBST zum Wortpaar «DEIN ICH», MICH wurde zu «MEIN ICH», und SICH fand seine Eigendeutung in «SEIN ICH» – oder auch 's ICH (das ICH). Und noch einmal dachte ich: Vom kleinen «ich» zum großen «ICH BIN»...

Ich zog die Wurzel aus 16. Es ergab sich die Vier als heilige Zahl (16 geteilt durch 4 ist 4). Ich zog aus dieser

Vier die Wurzel und erhielt die Zwei (4 geteilt durch 2 ist 2). Die Wurzel aus Zwei ergab eine irreale Zahl, die «keine ausdrucksmögliche Größe» hatte. Die Wurzel aber aus Eins blieb EINS (1 geteilt durch 1 ist 1). Und ich dachte an das Wort: ICH und der Vater sind EINS...

Wieder stand ich vor jener Feststellung, die schon aus der ersten Teilung der Form sichtbares Ergebnis und Angelpunkt der ganzen Studien wurde: ICH BIN die EINS in dir, der Weg von der Basis zum Gipfel. Nichts mehr und nichts weniger! Nichts zuviel! Der Baum des Lebens mitten im Garten... Anfang und Ende... Und du? Du bist ein Teil von jener Kraft, die stets das Böse will und doch das Gute schafft...

Du bist ein «ich» in meinem ICH, ein kleines «ich» im großen SEIN...

ABBILD UND GLEICHNIS

Zunächst versuchte ich, mir alle «störenden Linien» der Form, wie sie durch Figur 14 entwickelt war, wegzudenken. An der Form erkennst du alles, so hieß es, und obwohl sie nur die «siebente» von unzähligen Teilungen innerhalb des Werdens und der Entwicklung unseres Weltbildes wiedergab, in der das Produkt der Teilung noch längst nicht «bis ins kleinste Atom» durchgeführt war, zeigte sie mir doch, wie schwer es sei, ohne «störende Linien» zu sehen und zu denken. Dennoch schien klar zu sein, daß jeder Mensch ein geteiltes «kleines ich» sei, wie dies am sichtbarsten aus der Spitze der Figur 14, über der siebenten Stufe, sich zeigt.

Wenn man diese Spitze aus Figur 14, bestehend aus einer kleinen «ich-Rune» und je einem Teil-Dreieck links und rechts von ihr, für sich allein betrachtet, so erkennt man, daß diese Form genau der Figur 2 dieser Studien entspricht. Der Unterschied besteht lediglich darin, daß die kleine «ich-Form» nur ein vierundsechzigstes Teil der gesamten Form ist. Betrachtet man diese

FIGUR 15

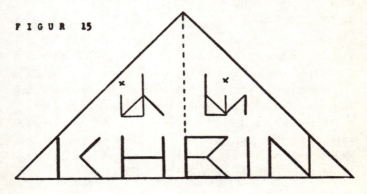

kleine Form für sich allein, so scheint es, als enthalte sie die drei Buchstaben des Wörtchens «ich» in sinnvoller Zusammenziehung. *Figur 15* macht diese drei Kleinbuchstaben im linken oberen Teil sichtbar. Der rechte obere Teil von Figur 15 zeigt, der Übersicht halber getrennt voneinander, die Umkehr, bzw. das Spiegelbild des kleinen «ich».

Nachdem bereits bei der dritten Teilung eine ganze Reihe von Buchstaben, Zahlen, Runen und Zeichen sichtbar in Erscheinung getreten waren, ist es selbstverständlich, daß bei der «siebengeteilten» Form jeder beliebige Buchstabe, jede beliebige Zahl, in vielen Variationen enthalten ist. Plötzlich erkannte ich, mich immer neu im Sehen und Denken «ohne störende Linien» übend, daß auf der Basis, der Hypotenuse der Gesamtform, klar und deutlich das große Wortpaar «ICH BIN» stand (siehe Figur 15 unten).

Das «Große ICH», in gleicher sinnvoller Zusammenziehung, stand in der Mitte der Form und füllte diese von der Basis bis hinauf zum Gipfel völlig aus. *Figur 16* zeigt die positiven und negativen Buchstaben I-C-H als die «Form der Mitte», der alle vier heiligen Zahlen eigen sind, die 1, die 4, die 7 und die 10.

Zur leichteren Auffindung der Zahlen wurde *Figur 17* als Zeichnung angefertigt. Diese Figur soll lediglich zeigen, aus welchen Teil-Linien die einzelnen Zahlen sich zusammensetzen. Der Übersicht halber wurden alle Zahlen voneinander getrennt durchgezeichnet, wobei die zufällige Stellung innerhalb der Form ohne jede Bedeutung ist. Lediglich im Gipfel der Form ist der Versuch gemacht, die Eins und die Null der Zehn als positive und negative Form in der EINHEIT darzustellen. Man beachte: Die EINS steht mitten in der NULL.

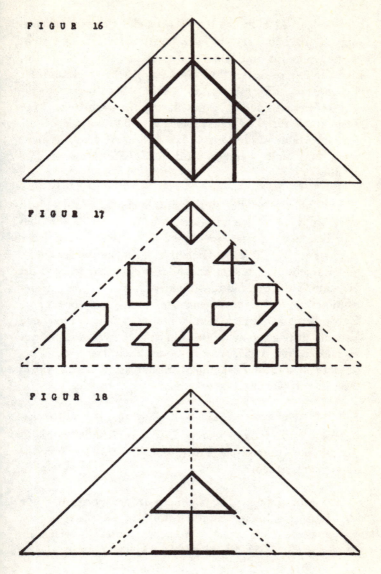

FIGUR 16

FIGUR 17

FIGUR 18

In Figur 18 habe ich den «Baum des Lebens» erkennbar zu machen versucht, der «mitten im Garten» steht zwischen «Gut und Böse», den Baum der Erkenntnis, der alle unsere Rätsel löst. Und was ist dieser «Baum der Erkenntnis», dieser Baum des Lebens? Man betrachte Figur 18 einmal quer, d. h. mit der Spitze nach links. Man kann dann förmlich ablesen, daß der «Baum der Erkenntnis des Guten und Bösen» das große «ICH» ist, nicht mehr und nicht weniger. Und NICHTS daran ist ZUVIEL.

Im Zahlengebet des Pythagoras hieß es: «Zahl jedoch ist Abbild und Gleichnis jeglichen Wesens!» Wenn dies wirklich der Fall ist, so glaubte ich, müsse auch jeder Buchstabe Abbild oder Gleichnis jeglichen Wesens sein. Jeder Buchstabe ist eine Zahl, das wußte ich. Jedes Wort ist eine Zahlenverbindung. Jeder Name ergibt in der Summe seiner Buchstabenwerte eine ganz bestimmte Zahl. Wir werden in den weiteren Studien eingehend darauf zurückkommen. Im Augenblick war es mir nur darum zu tun, das Wort «ich» oder auch das große Wort «ICH» in diesem Zusammenhang zu sehen und in ihnen Abbild und Gleichnis zu erkennen.

ICH BIN – so sagte der große Meister Jesus, der Christus und Heiland wurde. Und Jesus? Sollte es nichts als nur die französische Form und Abwandlung von «Je suis» (ich bin) sein?

Das große Wort «ICH» innerhalb der Form, das von der Basis bis hinauf zum Gipfel der Gottheit reichte, entschleierte sich ganz von selbst, und ich erschrak. Dieses große ICH schien nichts anderes zu sein als die

74

kürzeste Form dreier Worte, die kürzeste Form, ja, nämlich die Form der drei Anfangsbuchstaben dieser drei Worte:

Jesus + Christus + Heiland = ICH.

Er war es, der gesagt hatte: ICH BIN das A und das O, der Anfang und das Ende, der Weg, die Wahrheit und das Leben. Er war alles: Abbild und Gleichnis jeglichen Wesens.

Aber zwischen diesem großen «ICH» und meinem kleinen «ich» (*In* Causaler *H*ülle) spürte ich den erheblichen Unterschied, wie Atlas den Erdball auf seinem Rücken gespürt haben mag, als eine riesengroße Last. Wer trug eigentlich wen? Es gab nur eine Antwort:

Das große ICH trägt mich (mein ich)...
ES will, daß «es» vermähle sich
mit IHM, der Neun, um Zehn zu werden.
Denn ZEHN ist EINS im Himmel und auf Erden!

DAS KARMISCHE DREIECK

Kehren wir noch einmal kurz zu den Figuren 13 und 14 zurück. Je länger man die durch die sechste und siebente Teilung gewonnenen Drei- und Sieben-Stufenwege betrachtet, je mehr man sich darum bemüht, «ohne störende Linie» zu denken, um so klarer wird die Richtigkeit der im Abschnitt über «Vielheit und Einheit» gemachten Aussage erkannt, wonach jeder Mensch ein rechtwinkliges Dreieck darstellt. In diesem Abschnitt wurde bereits gesagt, daß bei jener Form, die der heiligen Zahl EINS entspricht, die «Mitte im Gipfel» senkrecht über der «Mitte der Basis» liegen müsse, daß es gleichgültig sei, in welcher Entfernung von der Hypotenuse, der Basis alles Lebendigen, der rechte Winkel des einen oder anderen Menschen sich bilde und daß es durchaus möglich sei, daß dieser «rechte Winkel» eines Menschen ganz wesentlich von der Mitte der Hypotenuse entfernt, mehr oder weniger hoch, irgendwo über ihr liege.

Wenn nun der Mensch dieser Form der EINS einmal entsprechen will – und er muß es wollen –, so muß er versuchen, das kleine «ich» in sich dem großen ICH der Mitte immer näher zu bringen. Dies kann er aber nur dann, wenn er dieses kleine «ich» zu erhöhen versucht, denn es stellt nichts weiter als die Lotrechte dar, die aus dem Gipfel «seiner Gegenwartsform», aus dem Gipfel also des rechten Winkels seines Dreiecks, zur Basis der Hypotenuse hinabreicht.

In Figur 19 habe ich dies graphisch darzustellen versucht. Diese Figur zeigt im Schema des «Sieben-Stufen-Weges» die Form eines Menschen an, der die erste bzw. die vierte Stufe gewonnen hat. Der angedeutete Kreisbo-

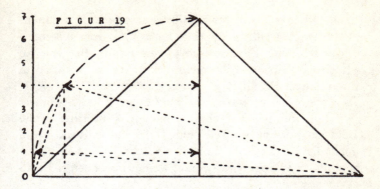

gen zeigt seinen Weg, auf dem sein kleines «ich» immer mehr dem großen ICH der Mitte sich annähert. Sein «Weg» beginnt im 0-Punkt seiner Geburt – und dies stets neu — und endet im Gipfel der 1, der bekanntlich 4, 7 und 10 zugleich ist, nämlich in der fortlaufenden Ringsum-Zählung der *ungeteilten Form* und beginnend im Gipfel der 1. (Siehe Figur 1 dieser Reihe).

Was erkennt man aus dieser Darstellung? Und welcher neue Lehrsatz wird sichtbar?

Die «Ich-Rune» des Menschen, gebildet durch das Lot aus seinem rechten Winkel bis hinab zur Basis, steht selbst bei Erreichung der vierten von sieben Stufen noch überwiegend «außerhalb der Form». Je weniger Stufen ein Mensch hinter sich gebracht hat, um so größer ist die Entfernung zwischen seinem kleinen «ich» und dem großen ICH der absoluten Mitte.

Erkenne DICH SELBST – so hieß es. Der Einzelne mag dem Partner oder Freund Anregungen geben können. Wo aber der Einzelne selbst steht, wo seine Mitte ist, wie seine eigene Form aussieht, das kann ein jeder nur im SELBST erkennen. Das weiß ein jeder einzelne nur «ganz für sich allein». Er weiß es im letzten erst dann, wenn er sich der Gradmesser solchen Erkennens zu bedienen weiß, wenn er – mehr und immer mehr – versucht, seine eigene Form «verlassend» in jene zu «flüchten», sich mit ihr mehr und mehr zu vermählen, die mit dem Prädikat «Form der heiligen EINS» mehrfach schon belegt wurde. Er weiß es ganz klar, wenn es ihm hin und wieder gelingt, sein «ich» in jenes große ICH zu versenken, Teil von IHM zu werden, wenn auch die Rückkehr – oder der Rückfall – in seine eigene Form solange «not-wendig» sind, bis er selbst EINS geworden ist.

Die eingezeichneten Pfeile bei Figur 19 zeigen, daß mit jeder neu gewonnenen Stufe der «Weg» oder die Spannweite dieses Weges bis zur Mitte des großen ICH verkürzt werden. Sie stellen gleichsam die Wellenlängen dar, auf denen jederzeit die Verbindung zwischen kleinem «ich» und großem ICH möglich ist. Je enger nun die Kontakt-Wellen werden, um so größer wird das Bewußtsein: Einmal muß meine «Ich-Rune» mit der des großen ICH sich völlig decken. Erst dann ist Vollkommenheit erreicht.

Die Gradmesser solchen Erkennens sind jedem Menschen gleicherweise gegeben. Sie werden uns gelehrt von Kindesbeinen an. Ein Beispiel dafür sind die zehn Gebote. Jeder suchende Mensch mag durchaus zu anderen Gradmessern und damit zu anderen Denksystemen gefunden haben, zum Drei- oder Sieben-Stufen-Weg etwa, der Himmelsleiter oder den Chakras im Yoga mit entsprechenden Lotos-Erkenntnissen usw. Es ist bei unseren Studien von untergeordneter Bedeutung, in wieviele Teilstrecken der einzelne den Weg von der Basis bis zum Gipfel gliedert. Ein jeder dieser Gradmesser kann durch die entwickelte Form sichtbar gemacht werden. Ich möchte dies an einem weiteren Beispiel zeigen und damit den Beweis anzutreten versuchen, daß das «karmische Dreieck» Maßstab für alle diese Gradmesser ist. Sowohl die Form des Einzelwesens als auch die Form des großen ICH BIN kann sichtbar gemacht werden und damit: wo der einzelne steht, wo seine Mitte und wie seine Form ist.

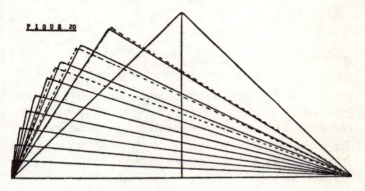

FIGUR 20

DER «ZEHN-GEBOTE-WEG»

Nehmen wir einmal an, die Himmelsleiter der zehn Gebote reiche von der Basis alles Lebendigen zum Gipfel der Einheit empor, so sind es zehn Stufen und eine Vielzahl von Zwischenzuständen, die zwischen der Basis und dem Gipfel der EINS liegen. In *Figur 20* werden diese zehn Stufen und nur drei der Zwischenzustände gezeigt.

Nehmen wir ferner an, mit der Befolgung jedes einzelnen Gebotes würde sich die Höhe des «rechten Winkels» ganz von selbst ergeben, d. h. ein Mensch, der beispielsweise sechs Gebote völlig beachten und leben wür-

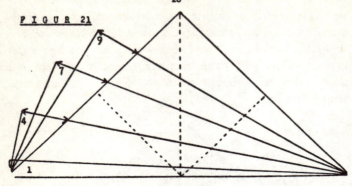

FIGUR 21

de, stünde auf der sechsten Stufe einer zehnstufigen Himmelsleiter, einer, der neun Gebote beachten und leben würde, stünde auf der neunten usw., dann kann jeder einzelne sehen, wie seine derzeitige Form, sein gegenwärtiges karmisches Dreieck aussieht.

Figur 21 zeigt im Schema des «Zehn-Gebote-Weges» die karmischen Dreiecke von Menschen, die eines, vier, sieben und neun Gebote beachten und danach leben. Aus dieser Darstellung wird deutlich, daß beim Erreichen der neunten von zehn Stufen die «Mitte der Form» noch längst nicht gewonnen ist.

Christus, der «vollkommene Mensch», sagt in Matth. 19, Vers 17: «Willst du zum Leben eingehen, so halte die Gebote». Im gleichen Evangelium, Kapitel 22, Vers 36 wird die Frage an ihn gerichtet: «Meister, welches ist das größte Gebot im Gesetz?» Und der Meister antwortet: «Du sollst den Herrn deinen Gott lieben von ganzem Herzen und von deiner ganzen Seele und von deinem ganzen Gemüt. Das ist das erste und größte Gebot. Ein anderes aber ist ihm gleich. Du sollst deinen Nächsten lieben wie dich selbst. An diesen zwei Geboten

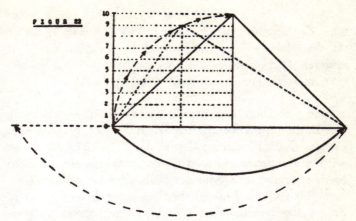

Figur 22

hängt das ganze Gesetz und die Propheten.» (Matth. 22, 37–40 in der Übersetzung von Franz Eugen Schlachter).

Figur 22 zeigt das karmische Dreieck eines Menschen, der neun von zehn Geboten beachtet und danach lebt. Es zeigt ferner, wie schwer die Befolgung dieses letzten und größten aller Gebote ist, welche Wegstrecke noch zwischen dem Gipfel des rechten Winkels dieses Menschen bis zur Spitze im Gipfel der EINS ist. Und die Relation zum Mitte? Sie wird durch die punktierte Lotrechte zur Basis deutlich.

Der Mangel von nur 10 % an Höhe ist gleich dem Mangel von 41 % an Mitte. Mit anderen Worten: In Richtung zur Mitte wurden 59 von 100 Teilstrecken zurückgelegt, während im gleichen Zeitpunkt 90 von 100 Teilen an Höhe gewonnen werden konnten. Und die Zahlen selbst? $41 = 4+1 = 5$. Und $59 = 5+9 = 14 = 1+4 = 5$! Sollte dies nur ein blinder Zufall sein? Bestätigt sich nicht hier sichtbar das karmatische Gesetz von Ursache und Wirkung in allen Dingen, von dem gesagt wird, es sei das Gesetz unbedingter Gerechtigkeit?

Von der Spizte des rechten Winkels bei Höhe 9 bis zum Gipfelpunkt der EINHEIT 10 (1+0 = 1) ist es sichtbar der «weiteste Weg» noch, verglichen mit allen anderen Höhenzahlen, die ihre rechten Winkel jeweils im eingezeichneten Kreisbogen von 0 bis 10 bilden.

Figur 22 zeigt außerdem zwei Kreisbogen unterhalb der Basis alles Lebendigen, der Basis der Hypotenuse. Legt man ein Pendel im Gipfel der EINHEIT 10 an, so wird seine Spannweite, die sich stets aus der rechten Kathete ergibt, innerhalb der Basis alles Lebendigen bleiben. Rechts und Links haben einander beim Erreichen der «vollkommenen Form» völlig ausgeglichen. Ein Meister, der Höhe 10 gewonnen hat, wird also niemals in «den luftleeren Raum außerhalb der Form» hinauspendeln können, während ein bereits auf Höhe 9 stehender Mensch, dessen Pendel selbstverständlich im Gipfelpunkt seines rechten Winkels 9 anzulegen ist, noch weit hinausschwingt in den «Raum ohne Form». Die Basis alles Lebendigen wird häufig noch weitgehend verlassen und verliert sich im «luftleeren Raum», im Irrealen.

Das «erste und größte» Gebot, von dem der Meister sagt, ein anderes sei ihm gleich und an diesen zwei Geboten hänge das «ganze Gesetz und die Propheten», ist es nicht wirklich das Gebot: Liebe deinen Nächsten wie dich selbst (wie DEIN SELBST)? Und verlangt es nicht geradezu von uns Menschen den «weitesten Weg der Selbst-Überwindung», bis dies hohe Ziel erreicht ist? Warum heißt es ausdrücklich: Diese beiden Gebote seien einander gleich? Gottesliebe und Nächstenliebe? Bedeutet dies nicht: Gottesliebe mit allen Prädikaten der Ganzheit von Herz, Seele und Gemüt *ist gleich* Nächstenliebe mit den Prädikaten des großen ICH und des SELBST?

82

Damit wäre ein neuer Kernsatz gewonnen:

Lieben wir unseren Nächsten wie unser eigenes SELBST, so sind wir wieder das große ICH BIN selbst geworden!

Dann sind wir nicht mehr «außerhalb der Form» und unsere «ICH-Rune» ist gänzlich in «die Mitte des ICH BIN» gerückt und mit dieser EINS geworden. Dann schwingt das Pendel all unserer menschlichen Spannweiten nicht mehr über die «Basis alles Lebendigen» hinaus in den «Raum ohne Form» und verliert sich nicht mehr «im luftleeren Raum» des Irrealen.

«Liebe deinen Nächsten wie DEIN SELBST» – dieses Gebot ist, im letzten gesehen, nur deshalb g l e i c h dem Gebot «Du sollst den Herrn deinen Gott lieben...», weil GOTT und DEIN SELBST vollkommen identisch sind.

*

Lieber Leser! Du sollst das alles nicht unbedingt glauben. Du sollst prüfen, «alles prüfen und das Gute behalten». Aber ich frage Dich: Kann GOTT überhaupt irgendwo anders sein, als in Dir? Im Herzen Deiner Form? Kann er etwas anderes sein, als der Mensch, der nach seinem Ebenbilde geschaffen wurde?

DER WEG DER GOLDENEN VERSE

Die «zehn Gebote» sind uns Menschen des Abendlandes geläufig, vielleicht *allzu* geläufig, als daß sie – wie man es oft in seiner Umwelt feststellen kann – noch zur Genüge ernstgenommen würden. Manchmal fragt man sich, ob diese Gebote vielleicht nur für Teile der Menschheit und dies auch nur zu bestimmten Zeiten mehr oder weniger «in Kraft» seien. Und manchmal scheint es, als würden von Zeit zu Zeit einzelne Sprossen dieser Himmelsleiter einfach herausgebrochen und für ungültig erklärt. Man denke z. B. an kriegerische Auseinandersetzungen und dergleichen.

Es mag deshalb nützlich sein, anhand «anderer Gebote», die zwar in ihrem innersten Kern das genau Gleiche aussagen, die aber weniger geläufig sind und vielleicht deshalb vom einen oder anderen mehr beachtet werden, aufzuzeigen, wie man sich vor der Zeitenwende schon Richtlinien für den Weg der Rückkehr zu GOTT schuf. Dem Meister, der diesen «Weg der Rückkehr» in 16 «goldene Verse» kleidete, dem großen Weisen Pythagoras, genügten weder die vier Säulen, noch die sieben Stufen, weder die zehn Gebote, noch die vierzehn Stationen. Er schmiedete die Regeln und Richtlinien seines «Menschenweges zu Gott» in das Quadrat der Vierzahl, in sechzehn goldene Verse. Und 16? $1 + 6 = 7$, die heilige Zahl der Vollkommenheit.

Das in diesen Studien anhand des «Vier-Säulen-», des «Sieben-Stufen-», des «Zehn-Gebote-» und des «Vierzehn-Stationen-Weges» hypothetisch aufgerichtete Gedankengebäude, über das sinnfällig der First des «Einzigen-Gebot-Weges» gestellt wurde, wird durch den «Weg

der 16 goldenen Verse» des Weisen Pythagoras hervor-
ragend ergänzt und untermauert. Es ist möglich, daß
diese «anderen Worte mit völlig gleichem inneren Kern»
mehr bewirken als die uns allen «so geläufigen» und allzu bekannten. Deshalb seien sie – in einer Fassung von
K. O. Schmidt – an dieser Stelle ungekürzt wiedergegeben:

1. Zuerst verehre in allem die ewigen Götter, die geistigen Lenker des Kosmos, dann folge deinem Gelüb-
   de und dem erhabenen Vorbild der Großen und Ed-
   len. Auch den niederen Göttern und Erdschicksals-
   lenkern vergiß nicht Ehre zu geben.

2. Ehre die Eltern und alle, die deinem Herzen und
   Geiste verwandt sind, und wähle die, deren Tugend
   am höchsten vollendet, zu Freunden. Sei stets bemüht, ihren Worten der Liebe und Taten der Freundschaft zu folgen.

3. Verachte nie einen Bruder, weil er noch mit Fehlern
   behaftet. Denn wenn er nur will, so kann er sich
   höherverwandeln. Erkenne dies wohl und übe, dich
   selbst zu bemeistern und Herr zu sein über Trägheit
   und Gier, Unmaß, Wollust und Zorn.

4. Handle niemals gemein und gegen die Stimme des
   bess'ren Gewissens; sondern achte den Willen des
   göttlichen Selbstes in dir und andern. Und strebe,
   selbstlos, gerecht zu sein in Worten, Gedanken und
   Taten. Sei deines Denkens und Fühlens Herr, und
   was du tust, tue ganz und mit voller Bewußtheit.

5. Gedenke immer des Todes, der alles dir nimmt, was
   äußerlich, irdisch-vergänglich; doch sorge dich nicht,
   wenn die Schätze der Erde dir wieder und wieder
   entgleiten. Was immer dich trifft, ertrag' es geduldig,
   als Folge früherer Schuld. Versuche zu bessern, was

wendbar, auch wenn du erfährst, daß oft die Besten und Reifsten der Prüfung des Schicksals häufig noch unterworfen.

6. Höre nun, was ich dir sage, und folg' meinem Rat zu deinem Besten: Laß nie dich erschrecken und hindern durch böse und gute Worte der Menschen. Wenn sie dich verleumden, bedenke, daß man das Übel nur überwindet durch Nichtwiderstehn. Laß nie dich verführen durch anderer Menschen Worte und Taten, etwas zu sagen oder zu tun, was in dir nicht selbst sich als gut, vollkommen und würdig erweist.

7. Nur der Nicht-Erkennende redet und handelt uneingedenk der späteren Folgen. Du aber suche, richtig zu denken und richtig zu handeln, um Gutes zu wirken und alles zu lernen, was das Leben dich lehrt, damit du dereinst seine göttliche Fülle genießest.

8. Vergiß keinen Tag, dich auch um des Leibes Wohl zu bekümmern, doch halte Maß in Speise und Trank und in der Pflege des Körpers. Mäßig sein heißt: nichts zu tun, was deine Gesundheit nicht fördert, einfach zu leben, nicht üppig, den Ärger und Neid der andern erregend –, nie zu verschwenden zur Unzeit, wie es der Tiermensch zu tun pflegt, niemals dem Geiz, der Gier und den Sinnen zu frönen und damit den Gottgeist zu binden.

9. Verursache nichts, das später dir schadet. Denke, ehe du handelst. Und beschließe den Tag nicht ohne ernsthafte Prüfung des heute Gewirkten. Frag' dich: Was hab' ich getan? Wo hab' ich geirrt? Und, was hab' ich heut' unterlassen? Wirktest du Böses, so rüge dich selbst und stärke in dir aufs neue den Willen zum Guten. Wirktest du Gutes, so freue dich dessen und laß' es dir Ansporn sein zu abermals Bess'rem.

10. Dieser Regel gedenke. Folg' ihr mit Fleiß und liebe das Gute. Dann wirst du den Pfad der Tugend, den Lichtpfad der Götter, beschreiten, so wahr DER ist, der der Seele Unsterblichkeit lieh – — der Große ALLEINE.

11. Geh' nie an ein Werk, ohne zuvor im Herzen die Gottheit zu bitten, es zu vollenden. Wenn solches getan, wirst du der Menschen und Götter unsterbliches Wesen erkennen und schweigend sehen, was aller Geschöpfe Vergehen und Wiederkehr wirket, sehn, wie in allem Sein die gleiche Gott-Natur wundersam weset.

12. Nichts bleibet dann deinem Auge verborgen, nichts Kommendes und ebengleich nichts, was einst war. Als selbstverschuldetes Unglück erkennst du die Leiden der Menschen, die die Wirklichkeit nicht erkennen und nicht die Nähe der liebenden Gottheit.

13. Weh' über die Blinden, die Gott nicht im eigenen Innern erleben, die nicht begreifen, daß nur durch den eigenen Geist sie selbst sich vom Übel erlösen. Wie Räder, von fremden Kräften getrieben, eilen sie hierhin und dorthin, ohn' Ruhe, immer den Zwiespalt im Herzen, der sie verfolgt, wohin sie auch wandern. Erst wenn sie innere Einheit errungen, sind sie von Leid und Notwendigkeit frei.

14. Aus dieser Leidens-Notwendigkeit möge die göttliche Urkraft uns alle enthaften und uns den Weg offenbaren, auf dem wir allein die Vollendung erlangen.

15. Laßt guten Mutes uns sein, denn das Menschengeschlecht ist göttlichen Ursprungs und ist bestimmt, die verborgenen Tiefen des eigenen Selbst, der Natur und der Gottheit zu schauen.

16. Stehst im Erwachen du schon, so tue, was ich dir sage, damit deine Seele ein Spiegel der Weisheit und Liebe des Göttlichen werde. Halt' fern dich von allem, was Körper und Seele erniedrigt. Prüfe in Stunden der Stille und Weihe dich selbst und den Weg, dem du folgst. Der göttliche Geist in dir sei dein alleiniger Führer und Helfer. Wenn den Erdenleib dann dereinst du verlässest, emporsteigst zur Heimat der Seele, dann wirst du selber ein Gott, leuchtend, unsterblich und ewig!

*

Diese «goldenen Worte» sprechen für sich und bedürfen keines Kommentars. Jeder Mensch, der sie befolgt, hat «seine Form» gefunden, hat, wie es im 13. Vers dieses goldenen Epos heißt, die «innere Einheit errungen» und ist von allem Leid, von aller Not-wendigkeit frei. Er ist, wie der 16. Vers abschließend sagt, emporgestiegen zur Heimat der Seele, ist SELBST wieder GOTT geworden, leuchtend (1), unsterblich (0) und ewig (10)...

Verstehen wir nun, was es bedeutet, wenn sich zeigte: Die EINS steht mitten in der NULL? Und gibt es eine Brücke zum Ur-Wissen vom Baum der Erkenntnis des Guten und Bösen, der «mitten im Garten» stand? Was heißt es, von allem «Leid und aller Notwendigkeit frei» sein? Die gewonnene Form zeigt auch dies...

URSACHE UND WIRKUNG

Ausgehend vom Lehrsatz des Weisen Pythagoras: $a^2+b^2=c^2$, der bereits in dem Abschnitt «Vielheit und Einheit» in zwei Versionen zur geistigen Anwendung definiert wurde, halten wir fest:

> Das Quadrat des Guten + das Quadrat des Bösen sind gleich dem Quadrat von Schuld und Sühne!

Oder mit anderen Worten:

> Das Ergebnis aller guten Taten eines Menschen im Quadrat plus Ergebnis aller gesetzwidrigen Taten im Quadrat ergibt das karmische Quadrat von Ursache und Wirkung!

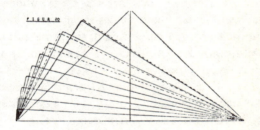

Betrachten wir noch einmal die entwickelte Figur 20. Will man sichtbar machen, welche riesige Ursachenlast das Einzelwesen beschwert, selbst wenn es den Hebel der Wirkung bereits bis zur neunten von zehn Stufen «bewegen» konnte, will man zeigen, in welchem Verhältnis das lastende Quadrat des «noch zu überwindenden Bösen» auf dem Rücken des sich aufrichtenden Menschenich zum Quadrat des bereits erreichten Guten steht, das beim Erreichen der neunten von zehn Stufen entwickelt werden konnte, so wird das Mißverhältnis klar, das umso größer wird, je weniger ein Mensch an Höhe gewonnen oder an Stufen hinter sich gebracht hat.

Figur 23 zeigt den Pythagoreischen Lehrsatz in Anwendung bei neun von zehn gewonnenen Stufen. Über dem karmischen Quadrat der Hypotenuse, der Basis, auf der jeder Mensch aus dem Jenseits in das Diesseits «eingeboren» wird, stehen die beiden karmischen Dreiecke, und zwar (in durchgezeichneten Linien) das der neunten Stufe, sowie (in gestrichelter Linie) das der zehnten Stufe. Letzteres ist jenes der «vollkommenen Form», bei der die Mitte im Gipfel senkrecht über der Mitte der Basis steht.

Da die «vollkommene Form» bei Stufe 9 noch nicht erreicht ist, muß notwendigerweise das hypothetische Quadrat des Guten, des bereits Überwundenen, noch kleiner sein als das Quadrat des sogenannten Bösen, denn bekanntlich ergeben beide Quadrate gemeinsam (d. h. in der Addition) das Quadrat der Hypotenuse, also jenes Quadrat «von Ursache und Wirkung». Der Kreisbogen zwischen Höhe 9 und Höhe 10 zeigt an, welche Wegstrecke noch zurückzulegen ist. Der gestrichelte Kreisbogen im Quadrat des Guten zeigt, welche Wegstrecke bereits zurückgelegt wurde.

Im Quadrat des Bösen wurde jenes des Guten nochmals eingezeichnet, um sichtbar zu machen, welcher Teil des Bösen bereits überwunden werden konnte und welcher noch zu überwinden ist. Der weiße, freie Raum bedeutet: Noch-nicht-Überwundenes, Noch-Notwendigkeit, Noch-Leid.

Stirbt ein Mensch, der im Augenblick des «Hinübergehens» die neunte Stufe erreicht hatte, so hat er sein «Diesseits-Quadrat» um das Quadrat des «erreichten Guten» für sein «Jenseits-Quadrat» vermindert. Hier

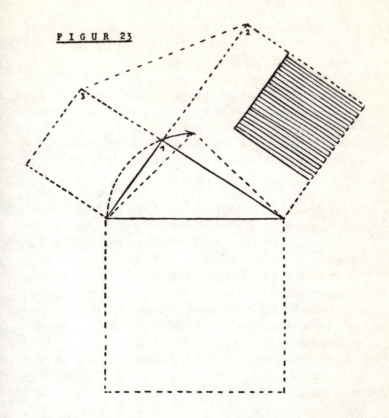

FIGUR 23

bestätigt sich das Gesetz von der Wiederkehr aller Dinge, die noch nicht den Grad der Vollkommenheit erreicht haben. Es bestätigt sich gleichfalls das Wort: Himmel und Hölle sind WIR SELBST!

Dies gilt natürlich nicht nur für die neunte, sondern gleicherweise für alle gewonnenen Stufen innerhalb des karmischen Dreiecks, die zwischen Geburt und Tod liegen und innerhalb unserer Diesseits-Form entwickelt bzw. erreicht werden konnten.

Die Basis der Jenseits-Form zeigt sich in der bei Figur 23 eingezeichneten Verbindungslinie zwischen dem Quadrat des Guten und dem des Bösen, zwischen den Zahlenpunkten (2) und (3), die nichts weiter darstellen als das Spiegelbild der erreichten Diesseits-Form mit den neuen Ursache-Zahlen einer späteren, karmisch notwendigen neuen Lebens-Basis.

In Zahlen ausgedrückt und gemessen am Lehrsatz des Pythagoras könnte somit die Hypothese aufgestellt werden:

Wie immer die Form eines Menschen im Augenblick seines Ablebens gestaltet ist, sein Quadrat von Ursache und Wirkung wurde im Diesseits um das Quadrat des erreichten Guten für seine Jenseitsform vermindert. Ein Beispiel:

Lag seinem Quadrat des Guten die Zahl 3 zugrunde, so ergibt sich 3 im Quadrat = 9. Lag seinem Quadrat des Bösen die Zahl 4 zugrunde, so ergibt sich 4 im Quadrat 16, so war seine Diesseits-Quadrat-Zahl 5, denn 5 im Quadrat = 25, ebenso $9 + 16 = 25$.

Er vermindert durch das Erreichen des Quadrats des Guten mit der Zahl 9 sein Jenseits-Quadrat, nämlich jenes weiterer «Not-Wendigkeit». $25 - 9 = 16$. Sein neues, jenseitiges Ursache-Wirkung-Quadrat ist demnach 16, während es im Diesseits 25 war.

Ist es nicht eigenartig? $1 + 6 = 7$, ebenso wie $2 + 5 = 7$ war.

DIE KRONE DES LEBENS

Zum Abschluß des ersten Teils dieser Pythagoras-Studien, die uns jene geforderte Form suchen und finden ließen, sollten wir noch einmal kurze Rückschau halten. Dies scheint um so notwendiger, als in den folgenden Studien um Zahl, Name, Wesen und Schicksal die kabbalistische Bedeutung des bisher Sichtbar-gewordenen zum unentbehrlichen Gradmesser des noch Sichtbar-zumachenden ist.

Im Abschnitt «Wer war Pythagoras» wurde gesagt: «Wer das Leben des großen Weisen aus Griechenland ernsthaft erforscht, wer die Wege und Umwege verfolgt, die jener Sucher beschritt, um seiner Sehnsucht nach Erkenntnis die goldene Schale der Erfüllung zu reichen, seinem Durst nach Wissen den Trank der Weisheit zu schenken, ist mit einem Male fest davon überzeugt, daß der Weg dieses Weisen der Menschenweg im allgemeinen und besonderen ist.»

Im Abschnitt «Wer war Pythagoras» heißt es: «Er lehrte die Zahl als Wesen aller Dinge und die Harmonie des Weltalls... Er war ein Eingeweihter, der dem Weltbild seiner Zeit den Stempel seiner Persönlichkeit aufdrückte, wie Jesus, der Christus, ein Meister und Eingeweihter war, der unserem Weltbild sein Gepräge gab.»

Im Abschnitt «Suche die Form» wurde der Auftrag behandelt, den Pythagoras seiner Nachwelt hinterlassen hat: Die Form zu suchen, die der heiligen Zahl EINS entspricht und die durch einfache Teilung und das Quadrat der Teilung die drei anderen heiligen Zahlen, die Vier, die Sieben und die Zehn sichtbar macht.

Im Abschnitt «Das Zahlengebet des Pythagoras» wurde jener Schlüssel aufgezeigt, den der Weise am Ende seines Lebens der Nachwelt in die Hand gab, um damit weitere und neue Räume unseres Weltbildes zu öffnen. Der Kernsatz dieses Schlüssels sei an dieser Stelle wiederholt: «Zahl jedoch ist Abbild und Gleichnis jeglichen Wesens.»

Im Abschnitt «Vielheit und Einheit» wurde der erste Versuch unternommen, den pythagoreischen Lehrsatz von seiner bisherigen technisch-materiellen Bindung zu befreien und ihn zum Gradmesser auch aller geistigen Belange des Lebens zu erheben. Der Grundgedanke des Lehrsatzes $a^2 + b^2 = c^2$ wurde in folgender Hypothese niedergelegt: «Das Ergebnis aller guten Taten eines Menschen im Quadrat plus Ergebnis aller gesetzwidrigen Taten dieses Menschen im Quadrat – ergeben zusammen das karmische Quadrat von Ursache und Wirkung.»

Im Abschnitt «Teilung der Einheit» wurde die Urform der heiligen EINS, die an dieser Stelle ganz bewußt mit «paradiesische Form» bezeichnet werden soll, weil sie die Form des «Kruges der ganzen Wahrheit» war, ist und bleiben wird, erstmals geteilt. Damit zerbrach dieser Krug. Die erste Scheidelinie ergab eine rechte und linke, eine positive und eine negative Teilform diesseits und jenseits der «Mitte», sowohl der Basis als auch des Gipfels. Die große Ich-Rune wurde gebildet, die mitten zwischen Gut und Böse steht und deren Füße zwar die Basis der Erde, die Basis alles Lebendigen berühren, deren Kopf aber im Gipfel der Gottheit ruht. Die Zeichnungen (Figuren 1 und 2) machten diese erste Teilung sichtbar.

Im Abschnitt «Die zweite Teilung» wurde die heilige Vierheit entwickelt. Alle Zahlen von 1 bis 10 wurden sicht- und ablesbar. Alle Runen, alle Buchstaben des Alphabets zeigten sich in ihrer positiven und negativen Form. Schon aus dieser zweiten Teilung mit der Zeichnung (Figur 3) wurde klar, welche Seite der Form dem sogenannten Guten und welche dem sogenannten Bösen zugehört.

Im Abschnitt «Die dritte Teilung» wurde anhand der Zeichnung (Figur 4) die Achtheit gebildet, durch die die Ich-Rune des Menschen halbiert und ein erstes großes «Kreuz» inmitten der Form sichtbar wurde. Erste Anrufungsworte zeigten sich, wie «ICH BIN» oder «AUM HUM», die sich zum Meditationsgedanken verdichteten: «ICH BIN ALPHA UND OMEGA, die EINS in dir, der WEG von der Basis zum Gipfel, ICH BIN DAS LEBEN...»

Im Abschnitt «Wo ist die Sieben?» wurde das Denkmal, das die Anhänger des Weisen von Samos an jenem Ort errichtet hatten, an dem Pythagoras den Gipfelsatz seiner Mathesis verkündete, zum Schlüssel weiterer Findungen, die anhand der Zeichnungen (Figuren 5, 6, 7 und 8) dargestellt wurden. Wichtiges Ergebnis war, daß die heilige Zehnheit sich aus vier verschiedenen Einheiten zusammensetzt, nämlich: Über den vier Säulen der Basis erhebt sich die Säulen-Dreiheit der zweiten Stufe, darüber steht die Säulen-Zweiheit der dritten Stufe, die von der Säulen-Einheit im Gipfel gekrönt wird ($4 + 3 + 2 + 1 = 10$).

Im Abschnitt «Die fünfte Teilung» wurden zwar 32 Teil-Dreiecke (Figur 6) entwickelt und die drei großen Stufen aufgezeigt, die von der Basis alles Lebendigen bis zum Gipfel der Vollendung zu überwinden sind, aber das Teilungslabyrinth wurde schon nach dieser fünften Teilung so groß, daß die Ich-Rune inmitten der Form umgarnt, eingeschnürt und in einem Netzgewirr von Teilungslinien nur noch schwer erkennbar blieb. Achtmal wird diese Ich-Rune im Herzpunkt der 9 als Zahl von Pfeilen durchbohrt, ehe sie sich aus dem Spinnennetz der Täuschung und des Scheins befreien und dem letzten Kreuzweg nähern kann, um sich erst dann um die Eins in die heilige Zehnheit zu erhöhen.

Im Abschnitt «Die Teilung der Sieben» wurde anhand der Zeichnungen (Figuren 9, 10, 11 und 12) die absolute Zweiheit, Dreiheit und Vierheit «der Mitte» entwickelt und Anregungen zur Meditation in den geflügelten Worten gefunden: «Zwei Seelen wohnen – ach – in meiner Brust!» Die «Sieben der Mitte» wurde sichtbar, wobei bemerkenswert und festzuhalten ist, daß diesen «sieben aufwärtsgerichteten» Dreiecken «drei abwärtsgerichtete» entgegenstehen.

Im Abschnitt «Sechste und siebente Teilung» wurde dem Gedanken der Teilung bis ins kleinste Atom Raum gegeben und festgestellt, daß nicht «Atomare» (Teilung, Spaltung), sondern «Religare» (Wiederverbindung) eigentliche Aufgabe jedes Menschen ist. In den Zeichnungen (Figuren 13 und 14) wurden die zwölf Bausteine sichtbar gemacht, die Bausteine des Tempels mit den vier Quadraten der Außenwelt, den dreien des Vorhofes, den zweien des Heiligen und dem EINEN des Allerheiligsten, über dem sich die Bundeslade der Gottheit bis zum Gipfel der EINS erhebt. Der Siebenstufenweg wurde ablesbar mit seinen vierzehn Kreuzwegen, den vierzehn Stationen des Menschenweges, die nichts anderes sind als jene vierzehn Stationen des «kreuztragenden Erlösers». Den gewonnenen Kernsatz dieses Abschnittes halten wir fest: «Im Gipfel der EINS, der unendlichen ACHT, hat jeder Mensch seinen Weg VOLLBRACHT!»

Im Abschnitt «Vom kleinen ‹ich› zum großen ICH» wurde die Notwendigkeit gezeigt, das «Denken in störenden Linien» aufzugeben. Die gnostischen Weisheitssprüche des Heiligtums von Delphi «Erkenne dich selbst!» und «Nichts zuviel!» bildeten die Grundgedanken zur Erkenntnis: «Aus vier mache drei! Aus drei dann zwei! Dein Selbst wird von der Vielheit frei! Und siehst du Zwei, so mache sie EINS! Das ist die Rätsellösung des SEINS!» Halten wir fest: Erst die Kombination der Worte NICHTS und ZUVIEL machen aus Zweiheit Einheit, absolute Mitte und Ausgewogenheit. Nichts ist NICHTS und ZUVIEL ist zuviel! Erst wenn ich weder nichts noch zuviel bin, BIN ICH!

Im Abschnitt «Abbild und Gleichnis» wurde mit Hilfe der Zeichnungen (Figuren 15, 16, 17 und 18) darauf hingewiesen, daß jeder Mensch ein kleines «ich» sei, dem es schwer falle, ohne störende Linien zu denken, daß er solange eine NULL ist, solange er nicht die EINS in sich, inmitten dieser Null, zur heiligen Zehnheit erhöht. Die Anfangsbuchstaben der drei Namen, *Jesus, Christus, Heiland* wurden als großes ICH definiert und als «Vorbild, Abbild und Gleichnis» jeglichen Wesens hervorgehoben. Halten wir fest: «Das große ICH trägt mich (mein ich). ES will, daß ‹es› vermähle sich mit IHM, der NEUN, um ZEHN zu werden. Denn ZEHN ist EINS im Himmel und auf Erden!»

Im Abschnitt «Das karmische Dreieck» wurde anhand der Zeichnung (Figur 19) erkennbar gemacht, daß der «rechte Winkel» eines jeden Menschen solange außerhalb der Form bleibe, bis die Vereinigung seines kleinen «ich» mit dem großen ICH vollzogen sei. Die Möglichkeiten der Verkürzung der Spannweiten zwischen kleinem und großem ICH wurden als Wellenlängen dargestellt, auf denen jederzeit die Verbindung zwischen Mensch und Gott möglich ist, zwischen dem kleinen «ich» und dem großen SELBST.

Im Abschnitt «Der Zehn-Gebote-Weg» wurde durch die Zeichnungen (Fig. 20, 21 und 22) die Form des Menschen aufgezeigt mit ihren ungezählten Möglichkeiten der Zwischenstufen. Vor allem wurde das karmische Dreieck eines Menschen dargestellt, der neun von zehn Stufen bereits erklommen oder überwunden hat. Sichtbar wurde die hohe Wahrheit des Wortes, daß «das letzte Gebot das schwerste von allen sei». Es wurde meßbar, daß der Weg von der neunten zur zehnten Stufe den weitesten von allen darstellt und daß dieser Weg nichts als die Erfüllung des einen Gebotes ist: «Liebe deinen Nächsten wie dein Selbst!» Lieben wir unseren Nächsten im Sinne dieses Gebotes, so sind wir wieder das große ICH BIN SELBST geworden. Dann schwingt das Pendel all unserer menschlichen Spannweiten nicht mehr über die Basis alles Lebendigen hinaus in den «Raum ohne Form» und verliert sich nicht mehr im luftleeren Raum des Irrealen.

Im Abschnitt «Der Weg der goldenen Verse» wurde das goldene Epos des Weisen Pythagoras wiedergegeben und als einer der Wege definiert, auf denen es möglich ist, die «innere Einheit» zu erringen, von allem Leid und aller Not-Wendigkeit freizuwerden und aufzusteigen zur Heimat der Seele. Sichtbar und ablesbar wurde: Die EINS steht mitten in der NULL, GOTT mitten im Menschen. Und jeder Mensch kann durch stete Annäherung seines kleinen «ich» an das große ICH, der Mitte selbst, wieder zu GOTT zurückkehren, leuchtend (1), unsterblich (0) und ewig (10) werden.

In Abschnitt «Ursache und Wirkung» wurde der pythagoreische Lehrsatz in der Anwendung (Figur 23) gezeigt und sichtbar gemacht, welch' riesige Ursachenlast das Einzelwesen beschwert, selbst wenn es bereits neun von zehn zu überwindenden Stufen erklommen hat. Aber es zeigte sich auch, daß es nicht Hoffen nur, sondern Wissen ist, daß jeder Mensch in jedem Leben sein Diesseits-Quadrat um das Quadrat des erreichten Guten für eine weitere Lebensstufe vermindert. Halten wir fest: Wie immer die Form eines Menschen im Augenblick seines «Stirb», seines Ablebens gestaltet ist, sein Quadrat von Ursache und Wirkung wurde im Diesseits für das neue «Werde» seiner Jenseitsform um das Quadrat des von ihm erreichten Guten neugestaltet.

*

Die Krone des Lebens... In der Offenbarung des Johannes heißt es im Kapitel 2, Vers 10: «Sei getreu bis zum Tode, so will ich dir die Krone des Lebens geben...» Im gleichen Kapitel, Vers 17, heißt es: «Wer überwindet, dem will ich einen weißen Stein geben und auf dem Stein einen neuen Namen geschrieben...» Im Kapitel 5, Vers 11 heißt es: «...und ihre Zahl war zehntausendmal zehntausend und tausendmal tausend...» Im Kapitel 7, Vers 4 heißt es: «Und ich hörte die Zahl der Versiegelten: Hundert und vier und vierzigtausend...» Im Kapitel 13, Vers 17 wird gesagt, «...daß niemand kaufen oder verkaufen kann, es sei denn, er habe – die Zahl seines Namens...» Im Vers 18 des gleichen Kapitels wird diese Zahl genannt. Es heißt: «Hier ist Weisheit! Wer Verstand hat, der berechne die Zahl des Tieres, denn es ist eines Menschen Zahl und seine Zahl ist 666...» Und im Kapitel 15, Vers 2 heißt es: «...und ich sah die, welche das Tier und sein Bild und die Zahl seines Namens überwunden hatten, am gläsernen Meere stehen...»

Was bedeutet dies alles? Was ist diese Krone des Lebens? Wann erhält jeder Mensch einen neuen Namen? Was bedeutet die Zahl 144 000? Wie lautet die Zahl «seines Namens»? Wie lautet die Zahl meines Namens?

Wenden wir uns zunächst den verschiedenen Zahlen-Systemen zu, die aus alter Zeit überliefert worden sind. Jeder Mensch kann, wenn er diese Systeme beherrscht und den Buchstaben-Wert der Zahlen kennt, seine Diesseits-Zahlen selbst errechnen. Mit Hilfe dieser Zahlen kann er sehr wesentliche Ermittlungen für sein Leben anstellen und für das Leben seiner nächsten Umwelt. Er kann ermitteln, ob beispielsweise die Zahl des Lebensgefährten, den er zu wählen oder bereits gewählt hat, mit seinen eigenen Zahlen in Harmonie ist oder nicht. Er lernt sich und seine Mitmenschen besser kennen und beurteilen. Und was heißt beurteilen? Er kann feststellen, welche Ur-Teile oder Ur-Teilchen die Gesetzmäßigkeit seines Diesseitslebens bestimmen oder beeinflussen.

Eines aber steht fest: Er wird erkennen, daß die «Krone des Lebens» eine Zahl ist, und zwar «seine Zahl», die «überwundene Zahl 666». Überwunden ist eine Zahl, wenn sie um die Eins erhöht werden konnte. Und was ist die Summe der Zahl 666? $6+6+6 = 18$. Und $1+8 = 9$! Diese Zahl NEUN ist zu ü b e r w i n d e n !

Dies bedeutet: Die «Krone des Lebens» ist die um die EINS überwundene Zahl NEUN! Die Krone des Lebens ist die ZEHN!

II.

SCHLÜSSEL ZUR ZAHLENKUNDE

DIE ZAHLEN-SYSTEME

Im Rahmen der weiteren Studien sollen es durchaus nicht lediglich die Ergebnisse eigener Forschungen auf dem Gebiet der Zahlenkunde sein, die behandelt oder beleuchtet werden. Es sollen vielmehr einige Forscher und Zahlenmystiker zu Wort kommen, mit denen sich eigene Studien nicht nur im Einklang befinden, sondern auf die ich selbst aufgebaut habe, nachdem es einwandfrei erwiesen war, daß diese Grundlagen als Ecksteine jeder Zahlenlehre seit alters her bestätigt sind.

Da mir persönlich innerhalb der Studien um Pythagoras und seiner Lehrsätze einige Schriften und Werke namhafter Autoren hilfreiche Wegleitung geboten haben, sollen aus einem Gefühl tiefer Dankbarkeit diese Forscher selbst zu Wort kommen, wobei jeweils unter genauer Quellenangabe die bibliographischen Daten der betreffenden Werke genannt werden.

Eine kleine Schrift verdient es, besonders hervorgehoben zu werden, denn diese setzte mich gewissermaßen «auf den Weg» zu all diesen Studien um Zahlen, Namen, Wesen und Schicksale. Es ist die Schrift von *Werner Zimmermann*: «GEHEIMSINN DER ZAHLEN» (Drei-Eichen-Verlag, 8 München-Pasing).

Werner Zimmermann leitet seine Schrift mit folgenden Worten ein: «Kühne Geister trachten die Welt zu beherrschen. Weisere lernen erkennen, wie Gott sie regiert.

«Die Zahl birgt höchste Weisheit in knappster Form. Sie ist das innere Gesetz, die große Ordnung. Die ganze Schöpfung ist auf sie aufgebaut...

«Landone führt die symbolische Gestaltung der Großen Pyramide und all ihrer Innenräume, die ganze For-
menfülle des Alls sowie das große Weltgeschehen in seinen Abläufen auf die drei Hauptzahlen 1, 4 und 7 zurück und vermittelt eine gewaltige Schau, in die Tiefe
wie in die zeitliche Ferne...

«Menschenkenntnis läßt den Menschen im Sinne der
Psycho-Physiognomik als eine Drei-Einheit erkennen,
als 1, 2 und 3, als Geist, Leib (Stoff) und Seele, als Ja,
Nein und Trotzdem... (Huter).

«Die Astrologie (Keller) baut auf die Zahl die Gesetzmäßigkeit des Schicksalsgeschehens, durch Einblicke
in den großen Gang der Weltenuhr...

«...in aller Erscheinung klingt die Zahl und weist uns
Menschen den sicheren Pfad zum Licht, zu Gott. Das
Kreuz mit seinem Schnittpunkt von senkrecht und
waagrecht, von hell und dunkel, von Geist und Stoff,
leuchtet auf, greifbar klar als hohes Symbol. Solches
Wissen wird zum Wollen, führt zur Tat...

«Nichts im Weltall besteht ohne Sinn. So haben auch
jeder Laut, jeder Name, jede Zahl ihren bestimmten
Charakter und zugehörige Wirkungen...

«Jeder Name enthält Laute. Man kann sich vorstellen,
daß jeder Laut wie eine farbige Glaslinse wirkt: er sam-
melt und läßt nur eine bestimmte Art von Schwingungen durch. Man nennt, man ruft einen Menschen, man
denkt an ihn immer unter einem bestimmten Namen.
Dies bleibt nicht ohne Wirkung...»

Werner Zimmermann weist auf drei Systeme der Zahlenlehre (Numerologie) hin, auf Hall, Reichstein und
Cheiro. Diese entsprechen einander in den meisten Fällen. Da aber das System nach Cheiro in seinen Grundlagen und Berechnungen bedeutend einfacher als Reich-

stein und andere ist, werden wir zunächst nur dieses System in unseren Studien als Grundlage heranziehen. Zuvor aber hören wir, was Werner Zimmermann zum Forscher Cheiro und seinem Zahlensystem sagt:

«Cheiro ist der Deckname eines begnadeten Forschers und Praktikers englischer Sprache. Um die Jahrhundertwende war er einer der weltberühmtesten Handleser, der zugleich die Astrologie und die Geheimlehre der Zahlen meisterhaft beherrschte. Viele gekrönte Häupter zeigten ihm ihre Hände und ließen ihn Abdrücke vornehmen. Er sagte der Königin Viktoria und dem König Edward VII. von England den Tod auf Jahr und Monat genau voraus, ebenso die Ermordung des Königs Umberto von Italien und das tragische Schicksal des letzten Zaren von Rußland.

«Lord Kitchener sagte er im Jahre 1894 voraus, er werde in seinem 66. Lebensjahr den Tod finden, nicht auf dem Schlachtfeld, sondern bei einem Unglück auf See. Dies traf genau ein, da Lord Kitchener am 5. Juni 1916 mit dem Schlachtschiff «Hampshire», das von einem deutschen U-Boot torpediert wurde, unterging, 22 Jahre nach der Voraussage und im Alter von 66 Jahren. Das Blatt mit der Voraussage trägt den Handabdruck des Verunglückten und das Zeichen des Kriegsdepartements. Lord Kitchener hatte die Voraussage nie vergessen. Noch während des Krieges sprach er darüber mit General Ballincourt und Mitgliedern seines Stabes. 22 ist übrigens die Quersumme von 1894, und 1894 + 22 = 1916...»

«Cheiro weilte lange Zeit im Osten und empfing viel geheimes Wissen von einer Gruppe von Brahmanen in Indien, deren Vertrauen er gewinnen konnte. Die Hindus wußten schon vor vielen tausend Jahren, daß der

Frühlingspunkt in 25 827 Jahren einmal seinen vollen Kreis beschreibt. Sie kannten auch, wie die Chaldäer, den Geheimsinn der Zahlen. Dieses alte Wissen wurde Cheiro zugänglich, und er verglich es mit einschlägigen Quellenwerken anderer Völker und prüfte es in jahrzehntelanger praktischer Arbeit nach. Daher sind seine großen Werke klar, leicht verständlich und genau...»

Daß mit den Zahlen 1 bis 9 sämtliche auf Erden mögliche Zahlen dargestellt werden können, wurde im ersten Teil dieser Studien mehrfach erwähnt und anhand einer Reihe von Beispielen durch Errechnen der Quersummen und Kürzung derselben gezeigt. Jede, auch die größte Zahl kann durch die sogenannte «natürliche Addition» bis auf eine einzige Zahl zurückgeführt bzw. gekürzt werden. Ein Beispiel noch:

Die Jahreszahl 1959 heißt in der Quersumme
$1+9+5+9 = 24$.
Die Jahreszahl 1959 heißt in der Wurzelzahl aber
$2+4 = 6$!
Diese Wurzelzahl gilt gewissermaßen als Seele der ganzen Zahl, die den geheimen Sinn offenbart.

BUCHSTABENWERTE DES ALPHABETS

Cheiro gibt jedem Buchstaben des Alphabets seine ihm zugehörende Zahl. Die nachstehende Tabelle ermöglicht es uns, für jeden Buchstaben eines zu untersuchenden Namens seine Zahlenwerte einzusetzen. Mit Hilfe dieser Zahlenwerte können wir Vornamen und Familiennamen in ihren Quersummen errechnen, wobei schon jetzt darauf hingewiesen sei, daß dies nur die eine Seite der wesenhaften Zahlen jedes Menschen betrifft, daß darüber hinaus noch andere Zahlen von Bedeutung sind, die aus Geburtstag, Geburtsmonat und Geburtsjahr feststehende Zahlen sind, während bei Vornamen häufig spielerische Veränderungen zu recht bedeutsamen Unterschieden in der Zahlenberechnung führen können.

Die Buchstabenwerte des Alphabets bei Cheiro sind folgende:

A = 1	F = 8	K = 2	P = 8	U = 6
B = 2	G = 3	L = 3	Q = 1	V = 6
C = 3	H = 5	M = 4	R = 2	W = 6
D = 4	I = I	N = 5	S = 3	X = 5
E = 5	J = I	O = 7	T = 4	Y = 1
				Z = 7

Im Verlauf meiner rund zwanzigjährigen Studien um Zahlen, Namen, Wesen und Schicksale habe ich eine Unzahl von Namen untersucht. Bekannte Politiker, Männer der Geschichte, Religionsstifter, Heilige, große Künstler und Künstlerinnen, Könige und Päpste, Götter und Göttinnen, Freunde und Bekannte, nächste Angehörige usw. wurden hinsichtlich ihrer Namenszahlen

107

«unter die Lupe» genommen und geprüft. Wie man die
Zahlen eines beliebigen Namens feststellt, geht aus nach-
stehendem Beispiel hervor, das auch Werner Zimmermann in «Geheimsinn der Zahlen» untersucht und hinsichtlich der Veränderungen von Namen von wesentlicher Bedeutung ist. Er schreibt:

«Nehmen wir als Beispiel den Namen des großen Napoleon. Zuerst schrieb er sich Napoleon *Buon*aparte,
später Napoleon *Bona*parte. Zählen wir die Zahlenwerte
der Buchstaben zusammen, so ergeben sich folgende
Werte:

N A P O L E O N
$5+1+8+7+3+5+7+5 = 41$
$41 = 4+1 = 5$

B U O N A P A R T E
$2+6+7+5+1+8+1+2+4+5 = 41$
$41 = 4+1 = 5$

B O N A P A R T E
$2+7+5+1+8+1+2+4+5 = 35$
$35 = 3+5 = 8$

NAPOLEON + BUONAPARTE =
$5+5 = 10 \,(1+0 = 1)$

NAPOLEON + BONAPARTE =
$5+8 = 13 \,(1+3 = 4).$»

Ehe wir an die Auslegung der Zahlen gehen können,
brauchen wir weitere Erläuterungen. Obiges Beispiel soll
vorerst nur zeigen, um wieviel ein einziger Buchstabe

der Veränderung eines Namens die Grundzahl beeinflussen kann.

Zunächst ging es mir lediglich darum, die Zahlenwerte möglichst vieler Persönlichkeiten aus ihren Namen auf eine einzige Zahl, die Wurzelzahl, zurückzuführen, oder anders ausgedrückt, ihre Zahlenwerte zu involvieren. Die Ergebnisse dieser Untersuchungen waren so verblüffend, so aufschlußreich, daß ich heutzutage *keine* Verbindung oder Zusammenarbeit, keine Freundschaft oder Bekanntschaft im engeren Sinne mehr eingehen kann, ohne «seine» oder «ihre» Zahl zu kennen und – im Falle eines negativen Zahlenwertes – entsprechende Vorsicht oder Zurückhaltung zu pflegen.

Die Charaktereigenschaften hervorragender Persönlichkeiten aus der Welt- oder Kirchengeschichte sind meist gut bekannt. Eine Einordnung unter die Zahlen ergab in den meisten Fällen erstaunliche Übereinstimmung mit dem Geheimsinn der «Doppelzahlen», auf den wir noch zurückkommen werden.

DIE QUERSUMME DER GEBURTSZAHLEN

Selbstverständlich stellt mancher Name den Forschenden vor große Rätsel. Eines Tages nun, als ich vor einem solchen Rätsel stand, weil nicht in jedem Falle die Zahlen des Namens ausreichende Bewertungsmöglichkeiten bieten, klingelte das Telefon auf meinem Schreibtisch. Ich griff zum Hörer, ein wenig ärgerlich, weil gerade in diesem Augenblick eine Synthese für solche Zweifelsfälle mir aufdämmern wollte, wonach eine dritte Zahl womöglich des Rätsels Lösung ergeben könnte. Ich dachte dabei an die «Quersumme der Geburtszahlen» und schrieb mir diese Worte noch rasch auf einen Notizblock. Dann hob ich den Hörer ab. Es meldete sich ein Mann, der auf einer längeren Reise war und seine Reise in meinem Wohnort unterbrochen hatte, um mich zu besuchen. Ich fragte, womit ich ihm dienen könne. Er sagte nur, er habe etwas mitgebracht, was er mir persönlich übergeben wolle.

Der Mann brachte mir ein zweiseitig handbeschriebenes Blatt, von dem er sagte, er habe diese beiden Seiten vor rund fünfundzwanzig Jahren aus einem Buche abgeschrieben, wisse aber nicht mehr, welches Buch es gewesen sei. Er fragte, ob ich ihm den Verfasser vielleicht nennen könne. Ich betrachtete das Blatt, las es und – war sprachlos. Ich betrachtete den Mann vor mir und sah nichts als ein inniges, zufriedenes Lächeln. Ich schob ihm meinen Notizblock zu, auf dem die Worte standen: «Quersumme der Geburtszahlen»...

«Ich weiß», sagte er, «daß Sie sich mit diesem Problem beschäftigen...» Und er lächelte. «Das Blatt schenke ich Ihnen... Vielleicht können Sie mir später einmal sa-

110

gen, wer der Verfasser dieses Buches ist... Das Blatt dürfte Ihnen ein Stück weiterhelfen...» Ich war sehr froh über diesen «Zufall»...

Das Blatt trägt keine Überschrift. Aber die Überschrift war eigentlich dennoch da, denn sie stand auf meinem Notizblock und bildet heute diesen Teilabschnitt unserer gemeinsamen Studien. Die zwei Seiten des erwähnten Blattes haben folgenden Inhalt:

1	2	3	4	5	6	7	8	9
A	B	C	D	E	F	G	H	I
J	K	L	M	N	O	P	Q	R
S	T	U	V	W	X	Y	Z	

«Die Ziffern für sich umfassen die folgenden Hauptgruppen männlicher Wesenszüge:

1 = Mut, Unabhängigkeitsdrang, freier heller Kopf, Angriffslust.

2 = Friedliche, sanftmütige Gesinnung, Takt, Zurückhaltung, Mitleid, soziales Verständnis.

3 = Temperament, Draufgängertum, Rücksichtslosigkeit, Egoismus.

4 = Einförmigkeit, Armut, Ausgestoßensein, schwere Arbeit, Zaghaftigkeit, Trübsinn, Mangel an Selbstvertrauen, Mißlingen von Wünschen und Plänen.

5 = Nervosität, Aufgeregtheit, geringe Ausdauer, Unselbständigkeit, Sucht nach Lebensgenuß, Hysterie, unedle Sexualität, seelische Unfertigkeiten, Verkennen und Verpassen entscheidender Lebens- und Glücksmomente.

6 = Vornehmheit, Großherzigkeit, ehrliche Gesinnung, aufwallender Mut, nicht anhaltende Taten- und

111

Unternehmungslust, bescheidene bis mittlere Erfolge.

7 = Verschlossenheit, schweres Durchslebenkommen, Mißverstandenwerden, Verlassenheit, Unglück, poetisches Empfinden, Neigungen zu Abgestumpftheit, Erblinden, Verwelken.

8 = Ansehen, Erfolg, Kraft, Vermögen.

9 = Liebenswürdigkeit, künstlerische Talente, Kunstbegabung, freie Lebensauffassung, Sieghaftigkeit, allgemeine Beliebtheit.

«Bei 22 und 11 erleidet die Regel insofern eine Ausnahme, als die Ziffern dieser beiden Zahlen nicht miteinander addiert werden. 22 und 11 bleiben vielmehr unverändert.»

22 = Schönheit, Eindringlichkeit des Wesens, Überzeugungs- und Suggestionskraft.

11 = Unübertreffbar, Sieghaftigkeit, Ausdauer, hohes Temperament, zähe Kraft und Beharrlichkeit.»

Unter diesen Zahlen-Erläuterungen stehen Adresse und Geburtszahlen des Mannes, der mir dieses Blatt überbrachte, nämlich:

14. 9. 1905 = 29 = 11

Und darunter stehen eigenartigerweise meine eigenen Geburtszahlen:

5. 1. 1915 = 22.

*

Zwischenbemerkung: Sollte einer der Leser das Buch, das jener Mann im Jahre 1933 gelesen hat und aus dem er sich den Inhalt des obigen Blattes abschrieb, kennen oder Hinweise dazu geben können, wird er gebeten, dies mitzuteilen an: Hermann Kissener, CH 6390 Engelberg/Schweiz, Eichenburg.

DEINES NAMENS ZAHLEN

Aus dem Vorhergehenden dürfte klar geworden sein, daß es eine ganze Reihe von Möglichkeiten gibt, mit deren Hilfe man seine eigenen und anderer Menschen Zahlen feststellen und hinsichtlich ihres Geheimsinns prüfen kann. Darüber hinaus aber wurde erkennbar, wie groß der Einfluß der geringsten Veränderung eines Namens auf dessen inneren Zahlenwert ist. Dies kann von positiver, aber auch von negativer Bedeutung sein und Deutungsfehler begünstigen.

Werner Zimmermann sagt darüber in seinem bereits erwähnten Büchlein «Geheimsinn der Zahlen»:

«Das Beispiel Napoleon Bonapartes zeigt uns, wie eine Änderung eines Zahlenwortes mit einer Wandlung des Schicksals einhergehen kann. Dabei soll nicht entschieden werden, welches nun die auslösende Ursache ist: ob das heraufdämmernde eherne Schicksal die äußerliche Änderung des Namens herbeiführt oder ob die neue Vibration nur verhängnisvolle Wirkungen zeitigt. Wahrscheinlich liegen auch hierin, wie in der Wahl der Vornamen, große Gesetze verborgen, und das Schicksal ist in seiner Notwendigkeit stärker als alle menschliche Klügelei.

«Dennoch bestehen überall Wechselwirkungen, und je klarer eine Einsicht wird, desto leichter können wir uns auch den ewigen Gesetzen einordnen. Eine Uhr kann nur richtig laufen, wenn der Mensch ihr Wesen, die Zahlengesetze ihrer vielen Räder nicht stört oder willkürlich verändern will. Geht die Uhr jedoch *nicht* richtig, so kann der Wissende ihre Räder in Ordnung bringen. So mag er sich auch, wenn er zur Einsicht erwacht,

113

dem viel größeren Uhrwerk der Planeten und ihrer Zahlen bescheiden anzupassen versuchen.»

Wenn ein Kind geboren wird, so wird meist noch am Tage seiner Geburt, «sein Name» in die Stammrolle des Geburtsregisters eingetragen und zwar Rufname, meist noch ein oder mehrere andere Vornamen, sowie der feststehende Familienname. Die Verleihung der Vor- und Rufnamen ist der Wahl der Eltern oder nächsten Angehörigen überlassen. Oft geschieht es, daß mit Rücksicht auf Tradition und verwandschaftliche Beziehungen dem neugeborenen Kinde der Rufname des Großvaters oder der Großmutter oder auch die Namen von Vater oder Mutter verliehen werden, ohne zu berücksichtigen, daß dadurch dem Kinde möglicherweise ein ähnliches, wenn nicht sogar gleiches Schicksal aufgebürdet wird, das dem Träger seines gleichlautenden Namens bereits aufgebürdet war.

Es mag auch durchaus Tatsache sein, daß die Wahl eben dieses gleichen Namens positiv im Sinne gleicher Erfolge oder ähnlicher Qualitäten des Großvaters oder der Großmutter oder auch beider Elternteile ist. Positiv im Sinne einer Entwicklung der Eigenpersönlichkeit kann eine solche Namensgebung niemals sein. Innerhalb meiner Studien habe ich unzählige Male die Bestätigung dafür erhalten, daß Männer oder Frauen gleichen Namens, sofern sie einer Ahnenreihe zugehörig sind, d. h. bei denen die Zahlen ihrer Namen hinsichtlich der Buchstabenwerte des Alphabets gleichlautend waren mit denen von nahen Verwandten, verblüffend ähnliche oder gleichlaufende Schicksale hatten.

*

114

Namenszahlen sind Lebenszahlen. Namen sollten nicht unbewußt gegeben werden. Jedes Elternpaar sollte in der Auswahl der Namen ihrer Kinder «wissend» handeln, nicht unwissend, traditionsgebunden oder zufällig. Jedes Elternpaar sollte prüfen, wie die Zahl des feststehenden Familiennamens lautet, um zu dieser Zahl eine entsprechend günstige Ergänzungszahl für den maßgebenden und mitbestimmenden Rufnamen zu suchen.

Ist beispielsweise die Zahl des Familiennamens eine 8 in der Wurzelzahl, so sollte es bewußt vermieden werden, dem Kinde einen Rufnamen mit dem Zahlenwert 4, 5 oder 8 zu geben. Anders ausgedrückt: Ist die Quersumme der Buchstabenwerte eines Familiennamens ungünstig, so sollte ganz bewußt eine günstige Ergänzungszahl des Vornamens gesucht werden. Welche Auswirkungen gen «bewußtes» Verleihen von Namen und bewußtes Bestehen darauf, beim vollen – und nicht verstümmelten oder verniedlichten – Namen genannt oder gerufen zu werden, haben, werden wir anhand einer Reihe von Beispielen später aufzeigen. Zunächst müssen andere Erklärungen noch gegeben werden.

DIE ZAHLEN DEINER GEBURT

Im Abschnitt «Die Quersumme der Geburtszahlen» wurde ein System vorgestellt, das sich sowohl auf die Zahl des Geburtstages als auch auf jene Zahlen des Geburtsmonats und des Geburtsjahres stützt. Ich habe dieses System eingehend erprobt, hatte auch hier und da erstaunliche Ergebnisse der Übereinstimmung mit den Namenszahlen der entsprechenden Person. Letzte Klarheit in der Bewertung der wesentlichen Charaktereigenschaften vermögen die Geburtszahlen *allein* jedoch nicht in jedem Falle zu geben.

Denken wir nur einen Augenblick an die Möglichkeit, daß ein Kind genau um 24 Uhr zur Welt kommt und zwar zwischen dem 23. und 24. irgendeines Monats. Die Zahl des Geburtstages wäre dann – ganz nach Neigung und Zufälligkeit – eine 5 oder eine 6. Und damit schon wäre die Quersumme der Geburtszahlen ungenau. Hinzu kommt, daß wir heute für Januar eine 1, für Februar eine 2, für Juni eine 6, für September eine 9, Oktober eine 10 usw. setzen, obwohl dies gar nicht absolut richtig ist. Zu dieser Feststellung möchte ich Hans Sterneder zitieren, der in seinem tiefgründigen Werk «Der Schlüssel zum Tierkreis-Geheimnis und Menschenleben» auf die gleiche verwirrende Tatsache zu sprechen kommt und folgendes aussagt:

«Nehmen wir den Monat Dezember als erstes Beispiel! Er ist im Kalender der letzte, also der 12. Monat. Was aber sagt uns der Name dieses Monats von sich? Er schreit es in alle Welt hinaus: «Ich bin ja gar nicht der 12. Monat, ich bin der 10. Monat! Denn ich heiße Dezember und «dezem» bedeutet doch: zehn...»

«Betrachten wir nun die anderen Monate, so sehen wir, daß der dem Dezember vorausgehende 11. Monat unseres heutigen Jahreskalenders, der November, uns ebenso eindringlich sagt, daß er gar nicht der 11., sondern der 9. Monat ist, da sein Name, wie alle Monatsnamen des Jahres, aus dem Lateinischen entnommen ist und dort «novem» – neun – heißt!

«Und der Oktober sagt uns genau so mit traurigem Lächeln, daß er durchaus nicht der 10., sondern der 8. Monat sei, da er ja «octo», im Lateinischen – acht – heißt!

«Genau so enthüllt sich uns unser 9. Kalendermonat, der September, als der 7. Monat im Rhythmus des kosmischen Lebensablaufes, denn «septem» heißt unumstößlich – sieben!»

An dieser Stelle möchte ich auf eine Bibelstelle hinweisen und zwar auf das Wort des Propheten Daniel im Kapitel 7, Verse 23–25, in denen es heißt: «Das vierte Tier wird das vierte Reich sein auf Erden; das wird sich von allen anderen Königreichen unterscheiden und wird die ganze Erde fressen, zerstampfen und zermalmen. Und die zehn Hörner bedeuten, daß aus diesem Reiche zehn Könige aufstehen werden. Und nach ihnen wird ein anderer aufkommen, der wird verschieden sein von seinen Vorgängern und wird drei Könige erniedrigen. Und er wird freche Reden gegen den Höchsten führen und die Heiligen des Allerhöchsten bedrücken und wird *sich unterstehen, Zeit und Gesetz zu ändern,* und sie werden in seine Hand gegeben sein eine Zeit, zwei Zeiten und eine halbe Zeit.»

Wer war es eigentlich, der «sich unterstand, Zeit und Gesetz zu ändern»? Hans Sterneder gibt eine Teilantwort auch auf diese Frage (Seite 366 des obengenannten Buches):

«Daran war ein ganz untergeordnetes Ereignis in der spätrömischen Geschichte schuld, nämlich ein Aufruhr in den spanischen Kolonien. Diese Nichtigkeit, gemessen an den ewigen Gesetzen der Natur, hat die römischen Konsuln veranlaßt, den Kalenderablauf in überheblicher Dreistigkeit zu stoppen und solange die Tage nicht weiter zu zählen, bis der Krieg beendet war (von dem sie in die Welt hinausposaunt hatten, er werde noch «vor Sonnenuntergang» beendet sein – H. K.). Und dies, damit durch den Aufruhr in Spanien die Neuwahl der Konsuln in Rom nicht ungünstig beeinflußt wurde. So ließen die anmaßenden Gernegroße in Rom aus diesem nichtigen Ichsuchtsgrund die Kalender-Zeit ungefähr zwei Monate stille stehen, stellten aber nach der Niederschlagung des Aufstandes die Ordnung mit der Natur nicht wieder her. Als man dann 153 v. Chr. gar noch den bisher schwankenden Amtsantritt der Konsuln auf den 1. Januar festsetzte, wurde dieser Tag in unglaublicher Selbstherrlichkeit zum Neujahrstag des Kalenders.»

Es würde in diesem Buch zu weit führen, wollte man klären, welche Großmacht jenes vierte Reich darstellte, von dem Daniel spricht, oder welche zehn Könige nach dem Untergange dieses Reiches aufkamen, welche Bedeutung die Hinweise haben, daß die Heiligen in seine Hand gegeben seien eine Zeit, zwei Zeiten und eine halbe Zeit. Diese Klärungen müssen einer späteren Zeit und gänzlich anderen Studien vorbehalten bleiben. Fest steht, daß wir eine Veränderung unserer Monatsziffern zu berücksichtigen haben, wenn der eine oder andere auch mit diesen Quersumme-Zahlen der Geburt arbeiten will.

Hier mag es genügen, daß der Monat März in Wirklichkeit der 1. Monat, April der 2. usw. und daß Januar der 11. und Februar der 12 Monat sind. Unsere gemeinsamen Studien sollen und müssen sich vorläufig schon des Raumes wegen auf Cheiro und seine außerordentlich aufschlußreichen Hinweise beschränken. Dennoch wird jedermann die Möglichkeit haben, «seine Uhr», falls sie nicht richtig gehen sollte, ganz bewußt und «wissend» umzustellen und den Gang dieser Uhr in Ordnung zu bringen.

*

Zwischenbemerkung:

Vielleicht darf ich meine Leser daran erinnern, daß das Manuskript dieser Studien in den Jahren 1958/59 entstand und – wie im Vorwort zu dieser Buchreihe «Die Spur ins UR» bereits gesagt – eine nötige Vorstudie darstellt, für deren Herausgabe in Buchform ich mir eine Wartezeit von sieben Jahren auferlegt hatte. Inzwischen ist in der Buchreihe «Die Spur ins UR» 1965 mein Buch «Die Logik der Großen Pyramide» erschienen (Drei-Eichen-Verlag, 8 München 60, 168 Seiten mit 16 Zeichnungen).

Die auf Seite 117 dieses Buches (vorletzter Abschnitt) gemachten Hinweise sind daher inzwischen überholt, denn im Buch «Die Logik der Großen Pyramide» wurden einige dieser Abklärungen der Prophezeiungen Daniels und der von ihm erwähnten Zeiten und Zahlen bereits niedergelegt.

Im Zusammenhang mit den Zahlenwerten verweise ich deshalb an dieser Stelle auf die Kapitel des Buches «Die Logik der großen Pyramide»

119

Maßstab und Zeitplan
Daniel und die Pyramide
Unterwelt und Oberwelt
Die Halle des Aufstieges
Der Tempel der Offenbarung
Der Tempel der Einweihung.

Weitere Hinweise finden sich im Anhang dieses Buches.

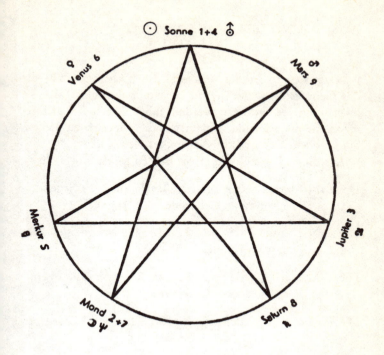

DIE ZAHL DER PLANETEN

Cheiro schreibt der Sonne und den Planeten folgende Zahlen zu:

⊙ Sonne = **1**	☊ Uranus = **4**	♆ Neptun = **7**
☾ Mond = **2**	☿ Merkur = **5**	♄ Saturn = **8**
♃ Jupiter = **3**	♀ Venus = **6**	♂ Mars = **9**

Siegel Salomons = siebenzackiger Stern

AUSLEGUNG DER ZAHLENWERTE 1–9

Nach Cheiro ist die sicherste, die wichtigste Zahl die des Geburtstages, die leicht feststellbar und, falls sie zweistellig ist, addiert werden muß. Werner Zimmermann nennt sie eine «Schlüsselzahl fürs ganze Leben, ähnlich dem Geburtshoroskop in der Astrologie».

Aus dieser Feststellung ergibt sich folgende Übersicht:

Die Zahl 1 trägt jeder am 1., 10., 19. oder 28. irgendeines Monats Geborene.

Die Zahl 2 trägt jeder am 2., 11., 20. irgendeines Monats Geborene.

Die Zahl 3 trägt jeder am 3., 12., 21. oder 30. irgendeines Monats Geborene.

Die Zahl 4 trägt jeder am 4., 13., 22. oder 31. irgendeines Monats Geborene.

Die Zahl 5 trägt jeder am 5., 14., 23. irgendeines Monats Geborene.

Die Zahl 6 trägt jeder am 6., 15., 24. irgendeines Monats Geborene.

Die Zahl 7 trägt jeder am 7., 16., 25. irgendeines Monats Geborene.

Die Zahl 8 trägt jeder am 8., 17., 26. irgendeines Monats Geborene.

Die Zahl 9 trägt jeder am 9., 18., 27. irgendeines Monats Geborene.

Cheiro sagt: «Die *einfache Zahl* stellt den Menschen dar, wie er als irdische Persönlichkeit seinen Mitmenschen zu *sein scheint*. Die *Doppelzahl* (auf die wir noch zurückkommen werden) stellt *die geheimen Kräfte dar*, die den Menschen als ihr Werkzeug benutzen.»

Das innere Wesen der neun einfachen Zahlen wird von Cheiro wie folgt definiert, wobei wir uns einer knappen, stichwortartigen Form bedienen:

1 = Einsermenschen sind schöpferische, erfinderische, starke Persönlichkeiten, strebsam, für führende Stellungen geeignet, bestimmt und hartnäckig im Erreichen von Zielen.

2 = Zweiermenschen sind freundliche, künstlerische Naturen, deren Kräfte mehr auf geistiger Ebene liegen, die jedoch häufig unter Mangel an Ausdauer und Selbstvertrauen leiden und Gefahren durch innere Unruhe unterworfen sind. Sie neigen zu Überempfindlichkeit und Verzagtheit, vor allem in unfreundlicher Umgebung.

3 = Dreiermenschen sind strebsame und führende Naturen, die Ordnung und Disziplin lieben, verantwortungsbewußt und gewissenhaft in der Erfüllung ihrer Pflichten sind. In untergeordneten Stellungen fühlen sie sich nicht wohl, schaffen sich oft Gegner durch Starrköpfigkeit und Stolz, obwohl sie nicht streitsüchtig sind.

4 = Vierermenschen stehen häufig im Gegensatz zu vorherrschenden Meinungen, haben eigenwilligen Charakter und eigene Ansichten. Sie sind geborene Re-

123

former. Sie fragen nicht nach Reichtum, schließen nicht leicht Freundschaft und sind leicht verwundbar. Sie neigen zu Einsamkeit und unterliegen leicht der Gefahr, überempfindlich zu reagieren.

5 = Fünfermenschen sind intellektuell sehr rege, zeichnen sich durch rasches Handeln und Denken, durch Elastizität des Wesens aus. Gefahren liegen in Überanstrengung der Nerven und bei Spannungen in Gereiztheit und Jähzorn. Sie schonen sich nicht und haben Begabung zu Spekulationen und raschem Vorwärtskommen, vertragen sich jedoch mit anderen Zahlentypen gut.

6 = Sechsermenschen sind in der Regel sehr magnetisch, zeichnen sich durch Zielsicherheit und Bestimmtheit in der Ausführung von Plänen aus, die zu Hartnäckigkeit und Unnachgiebigkeit führen können. Sie verbreiten gern Heiterkeit und Glück, lieben schöne Dinge, Gemälde, Plastik, Musik. Sie ziehen andere Menschen an sich und werden von diesen geliebt und verehrt.

7 = Siebenermenschen sind unabhängige, originelle, starke Persönlichkeiten. Sie lieben Reisen und Veränderung, haben gute Ideen und Durchsetzungskraft, sind aber häufig ruhelos und neigen zu Mystik und Okkultismus. Bei künsterischer Veranlagung neigen sie zu Philosophie, haben Begabung zu Hellsichtigkeit und verfügen häufig über magnetische Kräfte.

8 = Achtermenschen sind tiefe, starke Naturen, die oft mißverstanden werden und sowohl groß im Erfolg als auch im Mißerfolg sind. Bei strebsamer Veranlagung erreichen sie höchste Stellungen, die viel Opferkraft erfordern. Sie unterliegen leicht der Gefahr zu Fanatismus und schaffen sich durch Verbissenheit häufig bittere Gegner.

9 = Neunermenschen sind Kämpfernaturen, die in jungen Jahren wenig, in späteren Jahren gute Erfolge haben durch Mut, festen Willen und Entschlossenheit. Große Gefahr erwächst ihnen aus Angriffslust und Tollkühnheit in Wort und Tat. Sie sind selbstbewußt, lehnen Kritik ab, sind findige und tüchtige Organisatoren. Beherrschung der Kräfte führt zu hohem Gelingen.

*

Zwischenbemerkung:

Im Zusammenhang mit den Zahlenwerten 1–9 sei in dieser erweiterten 3. Auflage darauf hingewiesen, daß im ergänzenden Abschnitt IV. dieses Buches mit den Kapiteln des Anhangs «Zusätzliche Aspekte» – weitere Deutungskompendien der Zahlenwerte 1—22 sowie der 66 kosmischen Ereigniszahlen nach Herbert Reichstein geboten werden.   H. K.

VOM GEHEIMSINN DER DOPPELZAHLEN

Wenn jemand nur mit den Zahlen des Geburtstages, wie diese im Abschnitt «Auslegung der Zahlenwerte 1–9» wiedergegeben und in ihren Zahlenwertdeutungen vorgestellt werden, arbeiten wollte, so wäre das gleichbedeutend mit der Vorstellung, er könne mit einem einfachen Feldstecher die Protuberanzen der Sonne beobachten. So wenig wie dies möglich ist, so wenig ist es möglich, die wesentlichen Charaktermerkmale eines am 7. Februar, März, Juni oder Dezember Geborenen allein aus dieser Zahl 7 zu erkennen. Die Zahl des Geburtstages ist nur ein Rädchen im Getriebe eines Uhrwerks, zu dem sich viele andere Räder gesellen müssen, ehe die Uhr selbst zum verläßlichen Gradmesser der Zeit, in unserem Falle zum verläßlichen Gradmesser der Beurteilung menschlicher Eigenschaften werden kann. Alle Räder dieser Uhr stehen in einem ganz bestimmten Verhältnis zueinander.

Damit soll jedoch nicht gesagt sein, daß die Zahlenwertdeutung der einfachen Zahlen 1–9 falsch ist. Ich möchte nur auf die hundertfach sich bestätigende Tatsache verweisen, daß die Quersummezahl eines Namens weit häufiger mit der durch Cheiro gegebenen Deutung der Charaktereigenschaften in Übereinstimmung ist, als die Zahl des Geburtstages. Am Beispiel Napoleon Buonaparte (siehe Abschnitt «Buchstabenwerte des Alphabets») läßt sich nachweisen, daß dem so ist. Die Buchstabenwerte des Namens NAPOLEON ergeben als Wurzelzahl die 5. Ebenso war die Wurzelzahl des Namens BUONAPARTE eine 5, während der Name BONAPARTE (wie sich Napoleon später nannte) die Wurzelzahl 8 ergab.

126

Die Kombination der beiden Namen NAPOLEON BUONAPARTE ergab als Wurzelzahl die 10, also die 1, während die Kombination der Namen NAPOLEON BONAPARTE die Wurzelzahl 13, also die 4 ergab.

Vergleichen wir mit den im Abschnitt «Auslegung der Zahlenwerte 1–9» gegebenen Deutungen der einfachen Zahlen, so wird kaum jemand bestreiten können, daß Napoleon Buonaparte in den Jahren seines ersten Aufstiegs «intellektuell sehr rege und durch rasches Handeln und Denken ausgezeichnet war, daß seine Begabung zu Spekulation ihm rasches Vorwärtskommen sicherte», wie dies zur Zahl 5 als Definition gehört. «Gereiztheit und Jähzorn» sind aus der Geschichte her für das Wesen Napoleons bekannt. Er schonte sich wirklich nicht, um seine revolutionären Ziele durchzusetzen.

Ebensowenig wird bestritten werden können, daß die Kombination seiner Namen mit dem Zahlenwert 10, also 1, treffend durch die der einfachen Zahl 1 zugehörigen Eigenschaften charakterisiert sind und zwar: «Schöpferische, erfinderische, starke Persönlichkeit, strebsam, für führende Stellungen geeignet, bestimmt und hartnäckig im Erreichen von Zielen».

Aber wie sieht es nach seiner eigenen Namensänderung aus? Aus BUONAPARTE wurde BONAPARTE, aus einer 5 wurde eine 8. Von der 8 heißt es: «Tiefe, starke Naturen, die oft mißverstanden werden, die groß im Erfolg und groß im Mißerfolg sind. Bei strebsamer Veranlagung erreichen sie höchste Stellungen, die viel Opferkraft erfordern. Sie unterliegen leicht der Gefahr zu Fanatismus und schaffen sich durch Verbissenheit bittere Gegner.» Daß Napoleon Bonaparte höchste Stellungen erreichte, kann dem großen Feldherrn und Kaiser von Frankreich nicht abgesprochen werden. Daß er sich

durch Verbissenheit bittere Gegner schuf, ist weltbekannt. Und daß sein Schicksal ein schweres war, weiß
jedes Kind.

Aus $5 + 5 = 10$ wurde $5 + 8 = 13$.

$13 = 4$! Und von dieser 4 heißt es: «Vierermenschen stehen häufig im Gegensatz zu vorherrschenden
Meinungen, haben eigenwilligen Charakter, sind geborene Reformer, sind leicht verwundbar, neigen zu Einsamkeit und unterliegen der Gefahr, überempfindlich zu
reagieren.» Nun, Napoleon Bonaparte war ohne Zweifel
der große Reformator der Geschichte, der große Revo-
lutionär. Gerade sein eigenwilliger Charakter war es, der
ihn überempfindlich reagieren ließ. Und Einsamkeit war
seine innerste Natur und sein Ende.

Wie im letzten Abschnitt schon angedeutet, ergeben
sich bei Addition der Zahlenwerte von Vor- und Familienname fast immer Doppelzahlen. Napoleon Bonaparte
ergab beispielsweise $5 + 8 = 13$. Diese Doppelzahlen
stellen, wie bereits erwähnt, die «geheimen Kräfte dar,
die den Menschen als ihr Werkzeug benützen» (Cheiro).

Werner Zimmermann schreibt dazu in «Geheimsinn
der Zahlen»:

«Cheiro bietet teils ausführliche Darstellungen der okkulten Bedeutung der Zahlen 10 bis 52. Reichstein faßt
den Sinn der Zahlen 1 bis 22 in je ein Wort zusammen.
Im wesentlichen decken sich diese Deutungen, sie dürften
aus den gleichen uralten Quellen stammen. Hier gestattet uns der Raum nur kurze Andeutungen zu machen:

10. «Glücksrad», Wechsel, Durchführung von Plänen.

11. «Gefesselter Löwe», warnt vor Gefahr, Verrat.

12. «Opfergang» für andere, Angst und Leiden.

13. «Gerippe mit Sense», zerstörende Kraft, Umformung.

14. Erneuerung durch Zucht, Gefahren in Natur.

15. Magie, schwarz (mit 4, 8) oder weiß.

16. «Blitz im Turm, Krone stürzt», Katastrophe.

17. «Venusstern der Magier», Frieden, Liebe.

18. «Blutender Mond, hungriger Wolf», Verrat.

19. «Prinz des Himmels», Sonne, Glück, Freunde.

20. «Erwachen», beschwingter Engel, Wiedergeburt.

21. «Krone der Magier», geistige Erfolge.

22. «Irrender Mann», Selbsttäuschung, Mißerfolg.

23. «Königsstern des Löwen», Hilfe von oben, Erfolg.

24. (33, 42) Hilfe von oben und durch Liebe.

25. (34) Geistkraft, Gewinn durch Erfahrung.

26. (35, 44) Schwerste Warnung vor Partnern.

27. (36, 45) «Zepter», Lohn eigener Leistung.

28. Widersprüche: Möglichkeiten, Verluste.

29. (38, 47) Warnung, Verrat, Betrug, Prozesse.

30. (39, 48) Geist über Stoff, gut oder neutral.

31. (40, 49) Wie 30, dazu vereinsamt.

32. (41, 50) Magische Kraft wie 5, 14, 23.

37. (46) Gute Liebesfreundschaft durch Partner.

43. (52) Unglück, Revolution, Streit, Mißlingen.

51. Kriegskraft, Erfolg, Gefahren.»

PRAKTISCHE BEISPIELE (nach Cheiro)

Wir wissen, daß die Wurzelzahl des Namens NAPO-
LEON 5+1+8+7+3+5+7+5 = 41 = 4+1 = 5 ist.
Wir wissen ebenso, daß die Wurzelzahl des Namens
BUONAPARTE (2+6+7+5+1+8+1+2+4+5=41
= 4+1 = 5 ist. Beide Wurzelzahlen zusammenaddiert
ergeben eine 10. Vergleichen wir nun diese 10 mit dem
Deutungskompendium im Vorabschnitt «Vom Geheimsinn der Doppelzahlen», so ergibt sich: 10 = «Glücksrad», Wechsel, Durchführung von Plänen.

Werner Zimmermann sagt dazu in «Geheimsinn der
Zahlen»:
«Vor- und Familienname ergeben beide je eine 5
(Merkur). Sie paßt gut zum aufstrebenden jungen Napo-
leon. Die Doppelzahl des ganzen Namens heißt 10, und
wirklich hat das «Glücksrad» ihn hochgetragen.

Der spätere Name BONAPARTE (unter Auslassung
des U) ändert diese Vibration zu 8 (Saturn). Sie führt ins
Unglück und zum tragischen Ende. Die Doppelzahl aber
heißt nun 13, und wirklich hat das «Gerippe des Todes»
seine Sense gewaltig geschwungen. Die Quersumme von
13 wäre 4 (Uranus): Unruhe, Erneuerung, Umsturz, Einsamkeit = Napoleon!»

Dies stellt jedoch nur die eine Seite der großen Möglichkeiten innerhalb der Numerologie dar, vergleichbar
einem sehr wesentlichen Rädchen der Lebensuhr eines
Menschen und ihres Ablaufes. Von höchster Bedeutung
ist es, daß bei Napoleon das äußerst seltene Merkmal der
Dublizität zwischen Quersummezahl des Namens und

130

Quersummezahl der Geburt vorhanden ist. Die Quersummenzahl des Namens ist bekanntlich eine 10 gewesen, solange er sich Napoleon Buonaparte nannte. Die Quersummezahl seiner Geburt ist ebenfalls eine 10. Napoleon wurde auf Korsika am 15. 8. 1796 geboren. $1 + 5 + 8 + 1 + 7 + 6 + 9 = 37 = 3 + 7 = 10$!

Diese Duplizität der Zahlen aus Geburtsdaten und Namenswerten scheint jeder Persönlichkeit, für die sie zutrifft, geradezu doppelte Kraft zu geben für jene Aufgaben, die das Leben an sie stellt.

Die Quersummezahl der Geburt Napoleons, ungekürzt, also die 37, ist hinsichtlich ihres Geheimsinns der Doppelzahlen noch von Bedeutung. Von der 37 heißt es: «Gute Liebesfreundschaft durch Partner.» Ohne diese Partner wäre es dem großen Korsen wohl kaum gelungen, seine Eroberungs- und Reformationspläne durchzuführen. Es ist bekannt, daß seine Generäle und sein Volk ihm blindlings folgten.

Gleiche Geburts-Quersummezahlen wie bei Napoleon sind, um einige Vergleichsbeispiele anzuführen, gegeben bei:

Martin Luther,
geboren am 10. 11. 1483 $= 19 = 10.$

Karl der Große,
geboren am 2. 4. 742 $= 19 = 10.$

Mohammed,
geboren am 20. 4. 571 $= 19 = 10.$

Washington,
geboren am 22. 2. 1732   = 19 = 10.

Tolstoi,
geboren am 9. 9. 1828   = 37 = 10.

Adenauer,
geboren am 5. 1. 1876   = 28 = 10.

Daß es sich in jedem Falle um überragende Persönlichkeiten der Geschichte, gleichgültig, ob auf dem Gebiet
der Religion, der Politik oder der Literatur, handelt,
kann bei allem Pro und Contra der Meinungen kaum bestritten werden.

III.

DIE ZAHL ALS ABBILD UND GLEICHNIS

KABBALISTISCHE KARMAFORSCHUNG

Als ich zu Weihnachten 1959 bei der Erstfassung dieser Arbeit war, tauchte im Zusammenhang mit der Tatsache, daß es große Persönlichkeiten gibt, von denen keinerlei Geburtsdaten bekannt sind, die Frage auf, wie wohl diese vom Standpunkt der Numerologie aus zu bewerten seien. Ich dachte dabei an die Geburtstage Buddhas, Meister Eckeharts, Apollonius von Tyanas, Jesus Christus und anderer Adepten und Eingeweihten. Eine befriedigende Antwort fand ich nicht.

Am 31. Dezember 1959, knapp eine Woche nach diesem Gedanken, erreichte mich der Brief eines Lesers aus Österreich, der folgenden Inhalt hat:

W., den 27. Dezember 1959

Betreff: Ihr Aufsatz in «Zu freien Ufern».

Sehr geehrter Herr Kissener!

Eine große Freude bereitete mir Ihr letzter Aufsatz über die Zahlensysteme, Buchstabenwerte des Alphabets und die «Quersumme der Geburtszahlen». Besonders auch deswegen, da ich mich damit nicht nur schon in einigen Vorleben, vor allem aber im letzten, sondern auch in diesem Leben intensiv beschäftigt habe. Ich habe schon große, praktische Erfolge damit errungen!

Es ist mir z. B. möglich, aus den Geburtszahlen und der Quersumme einen frühen Verlust des Lebens, Unfälle und andere Katastrophen herauszufinden. Die Flugzeugkatastrophe in München am 6. 2. 1958, wobei die englische Fußballmannschaft verunglückte, ist ein typisches Beispiel dafür; $6+2+1+9+5+8 = 31, 3+1 = 4$!

4 ist nunmehr die Quersumme von der Zahl 13, die in der geheimen Zahlenlehre nach Reichstein, Dr. Lanz von Liebenfels und meiner Wenigkeit eine Todeszahl darstellt. Dabei ist auffallend, daß es sich meist um einen frühen Tod handelt! Diese Gefahr der Zahl 4 bzw. 13 ist nur durch kabbalistische Karmaforschung bzw. durch Beachtung und rechtzeitiges Erkennen von Gefahrenmomenten, die durch astrologische Studien erfaßbar sind, abzuschwächen oder abzuwenden.

Nun zu einem weiteren Beispiel, damit Sie sich von der phänomenalen Richtigkeit meiner Ausführungen überzeugen können! Siehe bitte Lorcher Astrologischer Kalender 1960, Seite 113, erschienen im Karl-Rohm-Verlag, Lorch/Württemberg, unter dem Titel «Ein tragisches Geschick». Hier ist die Rede von einer jungen Dame, die einem Mord zum Opfer fiel. Der Fall ist astrologisch untermauert. Und ich gestatte mir, denselben auch numerologisch bzw. kabbalistisch zu beleuchten.

Karin W., Geburtsdatum 6. 11. 1940 $= 6 + 2 + 1 + 9 + 4 = 22$, $2 + 2 = 4$! Wieder die Zahl 4! Dies weist bei Menschen, die ihr Schicksal durch Mangel an esoterischen Erkenntnissen nicht verbessern, bzw. ändern können, auf einen frühen Tod oder ständige, akute Lebensgefahr hin. Der Mord an Karin W. wurde am 25. März 1959 verübt.

25. 3. 1959 $= 2 + 5 + 3 + 1 + 9 + 5 + 9 = 34$, $3 + 4 = 7$. Die Zahl 7 bzw. 16 bedeutet nach Reichstein und seinem Lehrer Unfall, Todeseintritt, Katastrophe. Ich habe noch weitere Beispiele untersucht und überall verblüffende Ergebnisse gehabt. Ich wäre Ihnen, sehr verehrter Herr Kissener, sehr verbunden, wenn es Ihnen möglich wäre, solches Material zu beschaffen. Ich würde es gern bearbeiten.

In der Anlage finden Sie ein Manuskript, das Sie interessieren dürfte. Mit besten Grüßen und innigen Wünschen für immer höhere geistige Entfaltung Ihrer Persönlichkeit verbleibe ich Ihr ergebener Geistesfreund

Lienhard Wieland.

*

Soweit der Brief. Das Manuskript war in einem ganz besonderen Punkt für mich aufschlußreich und brachte «zufällig» (?) auch eine Antwort auf die mich zu Weihnachten bewegende Frage, wie man vorgehen solle, wenn kein Geburtsdatum vorhanden sei. Der Einfachheit halber möchte ich die Arbeit von Lienhard Wieland nachstehend veröffentlichen.

Lienhard Wieland schreibt:

Die Erforschung des Karmas oder des Gesetzes von Ursache und Wirkung dürfte wohl eine der schwierigsten geheimwissenschaftlichen Aufgaben sein, die es überhaupt gibt.

Die Kabbalistik hilft bei diesem ungewöhnlichen Vorhaben allen strebsamen Suchenden einerseits durch die Schicksalsdeutung der Namen und andererseits durch die Ermittlungen mit dem Geburtsdatum. Die kabbalistische Namensdeutung wird in einigen im Buchhandel erhältlichen Werken ausführlich behandelt.

Das Geburtsdatum stellt neben der Angabe von Geburtsstunde und -ort das unbedingt notwendige Arbeitsmaterial des Astrologen oder Kosmobiologen dar.

Für die kabbalistische Karmaforschung ohne Verwendung des Namens ist das Geburtsdatum geradezu un-

137

entbehrlich. Runengematrisch gesehen liegt bei den so-
eben genannten Begriffen eine absolute Harmonie vor.

G e b u r t s d a t u m	3
9 8 4 2 5 3 2 3 1 3 2 6	= 48
K a r m a f o r s c h u n g	3
6 1 5 6 1 1 4 5 0 2 8 9	= 48

Der vom Kalender angegebene Lebensbeginn in Form
eines aus Zahlen bestehenden Datums ist nunmehr durch
die sogenannte Reduktion kabbalistisch zu formen. Unter Reduktion ist die totale Quersummierung bis zu einer einstelligen Zahl zu verstehen.

Beispiel: 6. April 1947
$6 + 4 + 1 + 9 + 4 + 7 = 31, 3 + 1 = 4!$

Die endgültige Quersumme stellt das sogenannte kabbalistische Geburtsdatum in Form einer Ziffer dar. Diese
Ziffer dient als Basis für weitere Feststellungen.

DEUTUNGSKOMPENDIUM

1 Glück durch gute Erziehung, Bildung, Selbstbeherr-
schung, Mut, Gesundheit, reines Gewissen, Seelenfrie-
den, Willensstärke und Erkenntnisse, echte wahre
Freunde, berufliche Erfolge durch Intelligenz.

2 Geistige Macht durch große Schärfe des Verstandes,
intensive Phantasie bei Künstlern, Intuition, hellseherische und -fühlende Fähigkeiten, gute Voraussicht,

große Selbstsicherheit, starke Gedanken- und Wunschkraft, Zähigkeit bei der Verwirklichung von Plänen.

3 Äußerste Opferbereitschaft für Familie und andere Mitmenschen oder für eine Idee, Mitleid, Mitgefühl, Hingabe, glückliche Eheverhältnisse im Falle der Opferbereitschaft.

4 Ständige Lebensgefahr, Möglichkeit eines frühen, plötzlichen Todes, Neigung zu Illusionen, berufliche Mißerfolge, geistige Fortschritte bei strebsamen Menschen.

5 Pessimismus durch rein karmische Einschränkungen, Unmäßigkeit, rasches Überwinden von Schicksalsschlägen, starke Wunschkraft, manchmal baldiger Verlust der Eltern.

6 Magische Fähigkeiten, starke Beeinflussungskraft gegenüber anderen, magnetische und Heilkräfte, Selbstlosigkeit, Versuchungen durch dämonische Mächte, manchmal Neigung zur schwarzen Magie, phänomenale Willens- und Gedankenkraft bei entsprechender Ausbildung, schriftstellerische und dichterische Fähigkeiten.

7 Unfallsgefahr, Gefangenschaft, Verfolgungen, finanzielle Verluste, Einbußen durch Naturkatastrophen wie Blitzschlag, Erdbeben, Überschwemmungen, Feuer und Unwetter, Verlust des elterlichen Vermögens, Krankheiten und Unfälle von nahen Verwandten.

8 Große Erfolge durch starken Optimismus und gute Gedanken, andauernde Gesundheit, Gerechtigkeitsgefühl, seelisches Gleichgewicht, Wahrheitsliebe, Religiosität, wundersame Glaubenskraft.

9 Gefahren durch falsche, betrügerische Freunde und Kunden, auch durch schlechte Gesellschaft, Weisheit und Klugheit bei schwierigen Lebenssituationen, hellseherische Begabung.

0 *Kein Geburtsdatum vorhanden.* Befreitsein von Wiedergeburt und Karma, bewußte Verkörperungen durch Aufbau von physischen Körpern, höchste Erkenntnisse, erhabene geistige Meisterschaft, Gottessohnschaft (zutreffend für Archate, Adepten, Chohanen, Bodhisattwas, Buddhas und höhere Eingeweihte).

Lienhard Wieland schrieb dies 1959 im Alter von 23 Jahren. Auf Einzelheiten seiner Ausführungen kommen wir innerhalb der weiteren Studien noch zurück.

DAS BEISPIEL MAHATMA GANDHI

Mohandas Karamchand Gandhi wurde am 2. Oktober 1869 geboren. Seine Geburtszahlen ergeben in der Quersumme: $2+1+0+1+8+6+9 = 27$. Diese Zahl ist in ihrer Wurzel 9 $(2+7 = 9)$.

MOHANDAS hat die Buchstabenwerte
$4+7+5+1+5+4+1+2 = 29 = 11 = 2$.

KARAMCHAND hat die Buchstabenwerte $2+1+2+1$ $+4+3+5+1+5+4 = 28 = 10 = 1$.

GANDHI hat die Buchstabenwerte $3+1+5+4+5+1$ $= 19 = 10 = 1$.

Ziehen wir diese drei Namen zusammen, so ergibt sich $29+28+10 = 67 = 13 = 4$.

In der Quersumme der Geburtszahlen trägt Gandhi demnach eine 9, während er in der Quersumme der Buchstabenwerte seines vollen Namens Träger einer 4 ist.

Untersuchen wir zunächst noch seinen Namen, nachdem er zum Führer und Reformator seines Landes Indien geworden war und den Namen MAHATMA GANDHI trug.

M A H A T M A hat die Buchstabenwerte $4+1+5+1+$ $4+4+1 = 20 = 2$.

G A N D H I ist bereits bekannt, nämlich $10 = 1$.

141

MAHATMA GANDHI ist demnach in der Quersumme der Buchstabenwerte $20 + 10 = 30 = 3$. Aus 13 (= 4) wurde 30 (= 3)!

Von der Zahl 4 heißt es in Abschnitt «Auslegung der Zahlenwerte 1–9»:

«Vierermenschen stehen häufig im Gegensatz zu vorherrschenden Meinungen, haben eigenwilligen Charakter und eigene Ansichten. Sie sind geborene Reformer. Sie fragen nicht nach Reichtum, schließen nicht leicht Freundschaft und sind leicht verwundbar. Sie neigen zu Einsamkeit und unterliegen leicht der Gefahr, überempfindlich zu reagieren.

Von der Zahl 3 dagegen heißt es: «Dreiermenschen sind strebsame und führende Naturen, die Ordnung und Disziplin lieben, verantwortungsbewußt und gewissenhaft in der Erfüllung ihrer Pflichten sind. In untergeordneten Stellungen fühlen sie sich nicht wohl, schaffen sich oft Gegner durch Starrköpfigkeit und Stolz, obwohl sie nicht streitsüchtig sind.»

Wer Gandhis Leben studiert hat, weiß, wie sehr diese beiden Deutungskompendien auf ihn zutreffen und zwar sowohl für seine Jugend wie für sein Alter. Er stand so stark im Gegensatz zu den vorherrschenden Meinungen selbst seines eigenen Landes, daß er es vorzog, nach Südafrika zu gehen und dort eine Mission zu erfüllen. Daß Gandhi einer der anspruchslosesten Politiker seiner Zeit war und wirklich nicht nach Reichtum gefragt hat, ist weltbekannt. Ebenso bekannt ist es, daß er sich später als die «große Seele Indiens» durch seine Starrköpfigkeit Gegner und sogar Feinde schuf, obwohl er nicht streitsüchtig war. Ziehen wir nun das Deutungskompendium Lienhard Wielands für die Zahl 4 noch heran, so heißt es: «Ständige Lebensgefahr, Möglichkeiten eines frühen Todes, Neigung zu Illusionen, berufliche Mißerfolge, geistige Fortschritte bei strebsamen Menschen.»

Die drei Namen Mohandas Karamchand Gandhi ergeben als Doppelzahl eine 13. Im Geheimsinn der Doppelzahlen wird diese Zahl als «Gerippe mit Sense, zerstörende Kraft, Umformung» definiert. Die zwei Namen Mahatma Gandhi dagegen haben als Doppelzahl die 30. Und von dieser heißt es im Deutungskompendium: «Geist über Stoff, gut oder neutral.»

Liegt darin nicht ein Widersinn? O nein! Es fragt sich hier ganz eindeutig: Wofür war dieses «Gerippe mit Sense», die zerstörende Kraft der Umformung geradezu notwendig und notwendend? Wer die Situation zur Zeit Gandhis in Indien kennt, weiß, daß ohne diese «zerstörende Kraft» der Umformung Indien niemals ein freies und unabhängiges Land geworden wäre. Negatives – oder so scheinendes – kann also durchaus positiv und notwendig sein, wenn es gilt, eine Reformation an Unerträglichem herbeizuführen.

Wir alle wissen, daß Mahatma Gandhi am 30. Januar 1948 einem Attentat zum Opfer fiel. Tag und Monatszahl bilden die Quersummezahl aus $3+0+1=4$. Das Jahr 1948 ist in seiner Quersumme $1+9+4+8=22$, in seiner Wurzelzahl also ebenfalls eine 4. Nach den Forschungen und der geheimen Zahlenlehre von Reichstein stellt diese 4 eine Todeszahl dar, wie auch wenige Abschnitte vorher aus dem Deutungskompendium der kabbalistischen Karmaforschung Wielands hervorgehoben wurde: «Ständige Lebensgefahr, Möglichkeiten eines frühen Todes.»

Denken wir einen Augenblick an die Quersummezahl der Geburtsdaten Gandhis, die Zahl 27. $2+7=9$! Von dieser 9 heißt es: «Neunermenschen sind Kämpfernaturen, die in jungen Jahren wenig, in späteren Jahren gute Erfolge haben durch Mut, festen Willen und Entschlossenheit. *Große Gefahr* erwächst ihnen aus Angriffslust und Tollkühnheit in Wort und Tat. Sie sind selbstbewußt und lehnen Kritik ab, sind findige Organisatoren, Beherrschung der Kräfte führt zu hohem Gelingen.»

Eine eindeutigere Antwort finden wir noch in der Kompensierung der Zahl 3 als der Quersummezahl des Namens MAHATMA GANDHI. $3 = 1 + 2 = 12$ oder 21! Von der 12 heißt es: «Opfergang für andere. Angst und Leiden». Und von der 21 heißt es: «Krone der Magier, geistige Erfolge.»

Mahatma Gandhis Leben war ein einziger «Opfergang für andere» und war von Ängsten und Leiden für sein Volk immer neu überschattet. Die «Krone der Magier», den höchsten Lohn all seiner geistigen Erfolge, errang er erst am Ende seines Lebens, als es ihm nach langem Fasten gelungen war, sein in zwei Lager aufgespaltenes Volk der Inder ein letztes Mal zu einen.

DAS BEISPIEL JESUS CHRISTUS

Für den größten Reformator auf dem Gebiet aller geistigreligiösen Belange, der seinem Zeitalter das Gepräge des Christentums gab, für Jesus Christus sind Geburtsdaten nicht bekannt. Und dies ist nicht von ungefähr so. Aus dem Deutungskompendium Lienhard Wielands (siehe Abschnitt «Karmaforschung») wissen wir, daß die Null maßgeblich ist, wenn keine Geburtsdaten vorhanden sind. Es heißt: «Befreitsein von Wiedergeburt und Karma, bewußte Verkörperungen durch Aufbau von physischen Körpern, höchste Erkenntnisse, erhabene geistige Meisterschaft, *Gottessohnschaft* (zutreffend für Archate, Adepten, Chohanen, Bodhisattwas, Buddhas und höhere Eingeweihte).»

JESUS hat die Buchstabenwerte
$1+5+3+6+3 = 18 = 9$.

CHRISTUS hat die Buchstabenwerte
$3+5+2+1+3+4+6+3 = 27 = 9$.

Ziehen wir diese Namen zusammen, so ergibt sich $18 + 27 = 45 = 4 + 5 = 9$!

In diesem Zusammenhang dürfte es interessant sein, jene Inschrift am Kreuz Christi, welche INRI lautete, einer numerologischen Prüfung zu unterziehen. Diese Buchstaben stellen die Abkürzung der Worte «Jesus Nazarenus Rex Judaeorum» dar (lat. Jesus von Nazareth, König der Juden).

I N R I hat die Buchstabenwerte
1+5+2+1 = 9!

Damit sind die Einzelnamen des größten Weisheits-
lehrers aller Zeiten sowohl als auch die Zusammenziehung beider Namen mit je einer 9 als Zahl einmalig und
eindeutig gleiche Zahlen. Die Definition der Inschrift am
Kreuz stützt diese Gleichheit ein viertes Mal. Diese Tatsache ist mir bei allen Studien der letzten Jahre an sehr
vielen Namensträgern und Persönlichkeiten nie mehr
mit solcher Eindeutigkeit nachweisbar geworden. Jesus
Christus stellt also numerologisch eine Ausnahmeerschei-
nung dar, die unübertreffbar ist.

Von den einzelnen Zahlen der Namen JESUS und
CHRISTUS, die mit 18, 27, 45 und der vierfachen 9 aus
den Buchstabenwerten sich gebildet haben, heißt es:

1. *für die Zahl 18:* «Blutender Mond, hungriger Wolf»,
   Verrat,

2. *für die Zahl 27:* «Zepter», Lohn eigener Leistung.

3. *für die Zahl 45:* «Zepter», Lohn eigener Leistung,

4. *für die Zahl 9:* «Neunermenschen sind Kämpfernaturen, die in jungen Jahren wenig, in späteren Jahren
   gute Erfolge haben durch Mut, festen Willen und Entschlossenheit. Große Gefahr erwächst ihnen aus Angriffslust und Tollkühnheit in Wort und Tat... Beherrschung der Kräfte führt zu hohem Gelingen».
   (Siehe auch Beispiel: Mahatma Gandhi).

Über die Deutung zur Zahl 18 habe ich lange nachgedacht. Ich bin zu folgenden Gedanken gekommen: Der Mond gibt der Nacht das Licht. Christus gab der Nacht der Unwissenheit seiner Zeit, der Nacht der Fehldeutungen und des Pharisäertums seiner Umwelt, in die er hineingeboren wurde, das Licht neuer Erkenntnisse und «eines neuen Gebotes.» Daß dieses «leuchtende Licht der Nacht» seiner Zeit ein «blutendes» war, wissen wir von seiner Kreuzigung, den Lanzenstichen und der Dornenkrone. Daß die Umwelt, die ihn letzten Endes zum Tode verurteilte und «verbluten» ließ, einem hungrigen Wolf zu vergleichen ist, geht selbst aus den Worten dieses Weltenerlösers hervor, indem er sagte: «Siehe, ich sende euch wie Schafe mitten unter die Wölfe... Hütet euch aber vor den Menschen...» Matth. 10, 16–17. Und die Deutung: Verrat? Wir wissen, daß selbst einer der ihm am nächsten stehenden Jünger, Simon Petrus, seinen Meister dreimal verraten hatte, noch ehe der Hahn einmal krähte.

Die Zahl 27 bedarf einer Definition nicht. «Sei getreu bis in den Tod», so heißt es, «so will ich dir die Krone, das Zepter, des Lebens geben!» Jesus hat dieses Zepter empfangen. «Seine Himmelfahrt» gibt Zeugnis davon.

Und die Zahl 9? Wir kennen sie bereits aus dem Leben und Beispiel Mahatma Gandhis. Wahrlich, auch für Christus waren Mut, fester Wille und Entschlossenheit Grundvoraussetzungen zur Lösung seiner schweren Erlöseraufgabe. Große Gefahren erwuchsen ihm vor allem aus der Geißelung der Zustände seiner Zeit und seiner Kühnheit in Wort und Tat. Beherrschung der Kräfte führte wahrhaft zu höchstem Gelingen.

Abschließend noch ein Hinweis auf Pythagoras. Wir wissen, daß die Wurzelzahl für alle Deutungen von

147

großer Wichtigkeit ist. Ziehen wir aus der Zahl 9 die Wurzel, so ergibt sich die Zahl 3 (3 mal 3 = 9). Und hier haben wir wieder jene Zahl, die schon für Mahatma Gandhi aus der Kompensierung der Zahlen 1 + 2 (12) gefunden wurde, nämlich: «Opfergang für andere, Angst und Leiden». Und die umgekehrte Zahl aus der Kompensierung von 2 + 1 (21) ergab: «Krone der Magier, geistige Erfolge.» Dieser Opfergang für andere, die Ängste und Leiden seines Lebens, fanden eine Krönung am Kreuz, indem der «Verratene» die Worte sprach: «Vater vergib ihnen, denn sie wissen nicht, was sie tun!»

*

Im ersten Abschnitt dieses Kapitels sagte ich, daß für Jesus Christus Geburtsdaten *fast unbekannt* seien und dies sei nicht von ungefähr so. Das Zeitalter der «Fische», in dem wir stehen und das in wenigen Jahrzehnten der Vergangenheit angehören wird, hat den Geburtstag Jesu auf Weihnachten, also den 25. Dezember gelegt. Über die Jahreszahl selbst streiten die Gelehrten.

Neueste Forschungen, vor allem die, die in der Sammlung der ARYANA-DOKUMENTE niedergelegt und inzwischen in zwei Bänden unter dem Titel «Jesât Nassar – genannt Jesus Christus» – erschienen sind (Band I: Die wahre Lebensgeschichte; Band II: Quellen, Ergänzungen, Kommentare, beide Drei-Eichen-Verlag, 8 München 60) legen den 23. Mai als Geburtsdatum fest. Untersuchen wir vorbehaltlos beide:

25. 12. 00 = 2 + 5 = 7. 1 + 2 = 3. 7 + 3 = 10. 10 = 1.
23. 5. 00 = 2 + 3 = 5. 5 + 5 = 10. 10 = 1.

In den Quersummezahlen sind beide Geburtsdaten also völlig identisch. Der Unterschied besteht lediglich in den Einzelzahlen. Die Definition dieser Einzelzahlen ist inzwischen bekannt, ebenso die der Doppelzahl. Mich persönlich hat in diesem Zusammenhang nur eines interessiert:

Da Jesus den Buchstabenwert 9 und Christus ebenfalls den Wert 9, also zusammen *18*, das heißt: wiederum 9 als Gesamtwert haben, die Komplementärzahl aus den Daten der Geburt jedoch eine 10 bzw. 1 sind, ergibt sich folgende Schlüsselzahl:

$9 + 1 = 10 = 1$. Auf diese EINS kommen wir im nächsten Kapitel nochmals zurück.

In den ARYANA-DOKUMENTEN wird überzeugend nachgewiesen, daß Jesus Christus in Wirklichkeit «JESAT NASSAR» hieß. Setzen wir diese Buchstaben in Zahlen, so ergben sich folgende Werte:

$1 + 5 + 3 + 1 + 4 = 14$ für JESAT
$5 + 1 + 3 + 3 + 1 + 2 = 15$ für NASSAR
14 und 15 für JESAT NASSAR, gekürzt auf
$5 + 6 = 11$. 11 ist die «doppelte 1».

Aus Abschnitt «Quersumme der Geburtszahlen» wissen wir, daß die Zahl 11 eine der beiden «unteilbaren» Zahlen (22 und 11) ist und als Ziffer für sich die folgenden Hauptgruppen männlicher Wesenszüge umfaßt: Unübertreffbar, Sieghaftigkeit, Ausdauer, hohes Temperament, zähe Kraft und Beharrlichkeit.

Die Zahl 11 wird im Abschnitt «Vom Geheimsinn der Doppelzahlen» wie folgt definiert: «Gefesselter Löwe», warnt vor Gefahr, Verrat. Wer die ARYANA-DOKUMENTE gelesen hat, weiß, wie zutreffend diese Definition für das gesamte Zeitalter ist.

Tabelle der Zahlwerte der Buchstaben alter Sprachen

1	2	3	4	5	6	7
Aleph	א	Alpha	*A α*	a	1	I
Beth	ב	Beta	*B β*	b	2	II
Gimel	גנ	Gamma	*Γ γ*	g	3	III
Daleth	ד	Delta	*Δ δ*	d	4	IV
He	ה	E-psilon	*E ε*	e (kurz)	5	V
Waw	ו	Digamma	*ϛʹ*	fv	6	VI
Zajin[1]	ז	Zeta	*Z ζ*	z, ds	7	usw.
Chet[2]	ח	Eta	*H η*	eh	8	
Teth	ט	Theta	*O ϑ*	fh (engl.)	9	
Jud	י	I-ota	*I ι*	i	10	X
Chaph	כ	Kappa	*K κ*	k	20	
Lamed	ל	Lambda	*Λ λ*	l	30	
Mem	מ	My	*M μ*	m	40	
Nun	נ	Ny	*N ν*	n	50	L
Samech[3]	ס	Xi	*Ξ ξ*	x	60	
Ajin	ע	O-mikron	*O o*	o (kurz)	70	
Pheh[4]	פ	Pi	*Π π*	p	80	
Zadek[5]	צק	Episemon bau			90	
Koph	ק	Rho	*P ρ*	r	100	C
Resch	ר	Sigma	*Σ σ*	s	200	
Schin	ש	Tau	*T τ*	t	300	
Taw	ת	Y-psilon	*Υ υ*	y, ü	400	
Chaph*	ך	Phi	*Φ φ*	ph, f	500	D
Mem*	ם	Chi	*X χ*	ch	600	
Nun*	ן	Psi	*Ψ ψ*	ps	700	
Feh*	ף	O-mega	*Ω ω*	oh	800	
Zadek*	ץ	Sanpi	‖		900	
Aleph[6]	א	Alpha[6]	*q*		1000	M

[1] wie franz.   [2] Ch-Kehllaut   [3] Scharfes S   [4] Peh mit Punkt   [5] scharfes Z   [6] mit Punkt
* als Schluß-Buchstabe

ICH UND DER VATER SIND EINS

Zum Abschluß dieser Studien nach Cheiro wollen wir, ehe wir wieder zur Form des Pythagoras zurückkehren, einige der bekannten Jesusworte einer numerologischen Prüfung unterziehen. Eines der bekanntesten ist das Wort: «Ich bin der Weg, die Wahrheit und das Leben.»

ICH BIN DER WEG
hat die Zahlenwerte
$1+3+5+2+1+5+4+5+2+6+5+3 = 42$.

Im «Geheimsinn der Doppelzahlen» (siehe Abschnitt «Vom Geheimsinn der Doppelzahlen») heißt es von der Zahl 42: «Hilfe von oben und durch Liebe.

DIE WAHRHEIT
hat die Buchstabenwerte
$4+1+5+6+1+5+2+5+5+1+4 = 39$.

Von dieser Zahl heißt es im Geheimsinn der Doppelzahlen: «Geist über Stoff, gut oder neutral». 39 ist in ihrer Wurzelzahl 12. Und von dieser 12 heißt es: «Opfergang für andere, Angst und Leiden».

Die Wahrheit ist demnach Geist über Stoff, sie ist gut oder neutral. Sie ist also niemals böse. Wer eine erkannte Wahrheit wirklich leben will, wer die Wahrheiten beispielsweise der Bergpredigt in die Tat umzusetzen versucht, dessen Weg ist in der Tat allzu oft ein Opfergang für andere und wird nicht selten überschattet von Angst und Leiden.

DAS LEBEN

hat die Buchstabenwerte

$$4+1+3+3+5+2+5+5 = 28.$$

Von der Zahl 28 sagt der Geheimsinn der Doppelzahlen: «Widersprüche, Möglichkeiten, Verlust». 28 ist in der Wurzelzahl 10 oder 1. Von der 10 heißt es: «Glücksrad, Wechsel, Durchführung von Plänen». Und von der Zahl 1 wissen wir, daß sie die Zahl des Schöpferischen, Erfinderischen, des Starken und Bestimmten, des Hartnäckigen im Erreichen von Zielen ist.

Kann man «das Leben» besser definieren? Ist es nicht immer neu voller Widersprüche, voller Möglichkeiten und Verluste? Und das Glücksrad? Dreht es sich und uns nicht beständig im Wechsel, in der Durchführung von Plänen? Ist es nicht täglich neu an Schöpferkraft und Erfindungsgeist? Und zwingt es uns nicht immer wieder, stark und bestimmt, hartnäckig zu sein im Erreichen von Zielen für das Diesseits und das Jenseits?

«Ich bin der Weg, die Wahrheit und das Leben» ist auch in der Zahlenkombination oder der Addition der Einzelzahlen sehr aufschlußreich. Die Zahl 42 (für «Ich bin der Weg») plus 39 («Die Wahrheit») plus 28 («Das Leben») ergibt die Zahl $42+39+28 = 109$. Die Wurzelzahl ist $1+0+9 = 10 = 1 =$ Gottheit, Ausgangspunkt und Ziel alles Lebendigen, die Einheit, von der Pythagoras (Abschnitt «Der Weg der goldenen Verse») sagt: «Die innere Einheit gilt es zu erringen, die von allem Leid und aller Notwendigkeit frei ist, um aufsteigen zu können zur Heimat der Seele».

*

Wenn Christus, der vollkommene Mensch, sagte: «Ich und der Vater sind eins! – so muß dies auch numerologisch beweisbar sein. Zunächst gilt es, einen Unterschied festzuhalten, den Unterschied zwischen «eins» und «gleich». Untersuchen wir zunächst das Wort: «Ich und der Vater sind gleich!»

In Offenbarung, Kapitel 1, Vers 8 heißt es: «Ich bin das A und das O, der Anfang und das Ende, spricht Gott der Herr, der da ist und der da war und der da kommt, der Allmächtige.» Nicht Christus, der Sohn, sondern Gott, der Vater sagt diese Worte. In der Zahlenmystik würde dies heißen:

«Ich bin die 1 (Eins) und die 7 (Sieben)!»

Einer der bekanntesten Namen Gottes ist der Name JEHOVA. Ganz am Rande sei darauf hingewiesen, daß dieser Name nichts weiter ist als die Aneinanderreihung der einzelnen Vokale unseres Alphabets IEOUA. Der Name JEHOVA hat die Buchstabenwerte $1+5+5+7+6+1 = 25$. Von der Zahl 25 heißt es im Geheimsinn der Doppelzahlen: «Geistkraft, Gewinn durch Erfahrung». Die Wurzelzahl von $25 = 7$ $(2+5)$. Damit bestätigt sich diese Sieben ein zweites Mal.

Ein anderer bekannter Name Gottes ist ZEBAOTH. Dieser Name hat die Buchstabenwerte $7+5+2+1+7+4+5 = 31$. Von der Zahl 31 heißt es: «Geist über Stoff, gut oder neutral». Die Wurzelzahl von 31 ist 4 $(3+1)$. Damit ist eine dritte Zahl gefunden, die ebenso, wie 1 und 7, eine heilige Zahl ist, eine der drei Teleoiszahlen, auf denen sich nach den Aussagen aller mystischen Meister das gesamte Weltall gründet, die Zahl 4. Damit haben wir drei Zahlen für Gott gefunden, die 1, die 4 und die 7.

Ganz zu Beginn dieser Studien (Abschnitt «Wer war Pythagoras?») wurde die Aufforderung des großen Weisen aus Samos, Pythagoras, in die Worte gekleidet: «Suche die Form, die der heiligen Zahl 1 entspricht und die durch Teilung oder das Quadrat der Teilung deinem Auge die anderen drei heiligen Zahlen, die 4, die 7 und die 10 sichtbar macht. Hast du sie gefunden, so erkennst du nicht nur, wer oder was du bist, du erkennst auch, wo du stehst, wo die Mitte ist und das Ziel deines ganzen Menschenweges. Und vieles andere wirst du überdies erkennen. Wer Augen hat zu sehen, der sehe... »

Im Abschnitt «Das Beispiel Jesus Christus» wurden für die Namen JESUS (9), CHRISTUS (9) und die Inschrift am Kreuz INRI (9) dreimal die Zahlen 9 gefunden. Im Abschnitt «Abbild und Gleichnis» wurde gesagt: «Das große Wort ICH innerhalb der Form, das von der Basis bis hinauf zum Gipfel der Gottheit reicht, entschleierte sich ganz von selbst. Dieses große ICH schien nichts anderes zu sein als die kürzeste Form dreier Worte, ja, die kürzeste Form, nämlich die Form der drei Anfangsbuchstaben der drei Namen:

Jesus + Christus + Heiland = ICH.»

Der Buchstabenwert des Wortes ICH ist $1+3+5=9$. Hier bestätigt sich die 9 als Zahl ein viertes Mal.

Für die Namen Jesus, Christus, Inri oder ICH haben wir also jedesmal die Zahl 9. Für die Namen A und O, Jehova und Zebaoth haben wir die Zahlen 1, 4 und 7.

Wenn wir also sagen: Ich und der Vater sind gleich! — so würde dies numerologisch eine Addition ergeben von

$9+1 = 10$, oder $9+4 = 13 = 4$, oder $9+7 = 16 = 7$. Daraus ergibt sich, daß Christus und der Vater tatsächlich gleich sind, denn von den Namen Gottes wußten wir bereits, daß er eine 1, eine 4 oder eine 7 als Zahlenschlüssel ist.

Das Wort GOTT hat die Buchstabenwerte $3+7+4+4 = 18 = 9$! Auch Jesus war eine 9!

Daß aber Jesus, der Christus, und sein Vater nicht nur gleich sondern e i n s waren, hat sich bereits aus obiger Addition deutlich gezeigt. Der Vater, das A, der Anfang, das Alpha $= 1$. Und damit wird die Addition zur Gleichung: $9+1 = 10 = 1$ (EINS)!

Abschließend noch ein Zitat aus dem Abschnitt «Abbild und Gleichnis», in dem es heißt: «Aber zwischen diesem großen ICH und meinem kleinen «ich (in causaler Hülle) spürte ich den erheblichen Unterschied, wie Atlas den Erdball auf seinem Rücken gespürt haben mag, als eine riesengroße Last. Wer trug eigentlich wen? Es gab nur eine Antwort:

«Das große ICH trägt mich (mein ich)...
Es will, daß «es» vermähle sich
mit IHM, der «Neun», um Zehn zu werden.
Denn ZEHN ist EINS – im Himmel und auf Erden!»

VOM SINN DER SINNE

1.
Man sagt, der Mensch habe fünf Sinne. Man sagte es mir, als ich ein kleiner, dummer Junge war. Später hörte ich vom sechsten Sinn sprechen. Auch las ich hier und da davon.

2.
Erste Zweifel an der Richtigkeit dieser Auffassung kamen mir, als ich als Schulbub meine ersten Gedichte zu schreiben begann. Man sprach von zehn Jungfrauen, fünf törichten und fünf klugen. Man sprach von zehn Geboten, die – wenn erfüllt – das Leben vollkommen machen.

3.
Man sprach auch oft von der Sieben. Die Woche hat sieben Tage. Ich las von sieben Posaunen, sieben Plagen, sieben Geißlein, sieben Zwergen und sieben Himmeln. Aber von der fünf sprach man sehr wenig.

4.
Nur, wenn ich den Menschen anatomisch betrachtete, gab es einen Weg. Der Mensch besitzt an seinem Kopf sieben Öffnungen, zwei Ohren, zwei Augen, zwei Nasenwege und einen Mund. Er besitzt zehn Finger, zehn Zehen, an jeder Hand, an jedem Fuße jeweils fünf...

5.
Sollte die Zahl fünf wirklich nur die eine Hälfte andeuten? Das Sichtbare, das Außen? – so fragte ich mich,

als ich – viele Jahre später – mit Pythagoras und seinem System der heiligen Zehn in Berührung kam. Er sagt: Die heilige Zehn setze sich zusammen aus vier und drei und zwei und eins.

6.
Ja, nur *eine* klare und folgerichtige Aufbau-Lösung schien es zu geben, und ich setzte diese in die pythagoreische Pyramide ein:

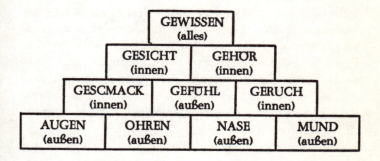

Eines war mir klargeworden, der Mensch hat zehn Sinne, von denen nur fünf sichtbare oder diesseitige, die anderen fünf unsichtbare und jenseitige sind. Und wenn von einem Mitmenschen gesagt wird, er habe einen sechsten Sinn, so ist dieser im ersten Feld des Raumes eines jenseitigen Fünf-Sinne-Pentagramms eingetreten, deren er alle fünf im Laufe seiner Entwicklung zur «heiligen Zahl» durchwandern wird.

PIUS XII. UND DAS GEWISSEN

In der «Pyramide der 10 Sinne» des Vorkapitels wurde, unter steter Berücksichtigung der uns inzwischen bekanntgewordenen «heiligen Zahlen» 4, 7 und 10, versucht, Gedanken wiederzugeben, die den religiösen Bereich unseres Daseins betreffen. In *sieben* Absätzen wurde *eine* Form gewonnen, die aus *zehn* Teilen besteht. Auf die Basis «alles Lebendigen» wurden vier der äußeren Sinne gesetzt, über denen drei Sinne stehen (ein äußerer und zwei innere), und darüber stehen zwei innere Sinne, die vom höchsten Sinn, dem Gewissen, dem EINEN, gekrönt werden. Diese Form der 10 Sinne wurde nach dem Denkmal des Pythagoras und dem «Kubus der Zehn», unter Berücksichtigung der Teleois-Zahlen nach Dr. Landone entworfen. Das «Gewissen» thront darin an oberster Stelle.

Untersuchen wir diesen Wortbegriff «Gewissen» zunächst einmal anhand der Buchstabenwerte nach Cheiro, so ergibt sich folgendes:

G E W I S S E N
$3+5+6+1+3+3+5+5 = 31 = 3+1 = 4$
eine heilige Zahl.

Nach dem Geheimsinn der Doppelzahlen wird die Zahl 31 definiert: Geist über Stoff, gut oder neutral.

Wir wissen, daß 4 die Wurzelzahl aus dem Zahlengebet des Pythagoras ist, die aus der Zahl 16 ($1+6 = 7$) gezogen wurde. Gewissen ist demnach ein W-UR-zelbegriff, ein UR-Begriff, der sich in Unendlichkeit «gekleidet hat», wie aus dem Umschlag zu diesem Buch im

158

untersten Feld der Buchstaben-Werte-Skala hervorgeht. Im letzten Feld heißt es: U + R = ∞ (unendlich), denn 6 + 2 = 8. (Siehe auch Seite 1 dieses Buches)

In der Buchreihe «Die Spur ins UR», so heißt es im Vorwort dieser Folge, soll versucht werden, ursächliche Zusammenhänge aufhellen zu helfen oder in diese hineinzuleuchten. Dabei ist es höchste Aufgabe, Themen zu behandeln, die sehr oft «heiße Eisen» sind.

Jeweils im Schlußteil dieser Bücher wird ein brennendes Thema der Gegenwart in den Mittelpunkt unserer gemeinsamen Studien gestellt, gleichsam als behandelten wir es auf der Rückfahrt oder dem Rückflug aus dem Gedankenland unserer Studien in die Heimat des Alltages. In «Die Logik der Großen Pyramide» behandelten wir die Fragen universaler Religion und eines «rechten Weges» im Spiegel der Religionen dieser Erde, die Notwendigkeit der Erhöhung des Menschensohnes und der Gottgeistkraft als der alles-einenden Größe. Diesmal soll es wiederum eine brennende Zeitfrage sein, die mit einem der großen Männer unserer Zeit in Zusammenhang steht: Pius XII. und das Gewissen, die uns auf unserer Rückfahrt in die Gegenwart beschäftigt. (Man bedenke, daß dieses Buch in den Jahren 1958/59 geschrieben wurde. Damals galt Pius XII. noch als einer der «Größten unserer Zeit» – HK.)

Untersuchen wir den Namen dieses Papstes, so muß zunächst berücksichtigt werden, daß die Zahl XII nach dem Cheiro-System 12, also $1 + 2 = 3$ bedeutet. Es ergibt sich:

P I U S 1 2
$8 + 1 + 6 + 3 + 1 + 2 = 21 = 3$
$18 + 3 \qquad = 21 = 3$

159

Nach dem Schema «Hauptgruppen männlicher Wesenszüge» im Abschnitt «Quersumme der Geburtszahlen» steht für die Zahl 3 = «Temperament, Draufgängertum, Rücksichtslosigkeit, Egoismus». Nach dem «Geheimsinn der Doppelzahlen» wird die 21 definiert: «Krone der Magier», geistige Erfolge.

Es soll keinesfalls bestritten werden, daß Pius XII. die «dreifache Krone», die Tiara der Magier mit Fug und Recht und großer Würde trug, denn wir sollten nicht vergessen, daß «alles gut» ist, was ist. Ungut-Scheinendes kann sehr «not-wendend» sein. Es soll nicht bestritten werden, daß er «geistige Erfolge» in fast allen Teilen der Welt erringen konnte. Es fragt sich jedoch, ob sein Hang zu stets neuer Dogmatisierung selbst unserer «wissenschaftlichen» Zeit noch mit dem «Gewissen» des Einzelnen in Übereinstimmung gebracht werden kann.

Sein aus der Zahl 3 erkennbares «Temperament, Draufgängertum», seine «Rücksichtslosigkeit» in bezug auf die schreienden Steine von Qumran und in bezug auf den Index, auf dem alle Werke und Schriften mutiger Wissenschaftler und Forscher stehen, die seinem Weltbild zuwiderlaufen, sein «Egoismus» in bezug auf das Nichtveröffentlichen des «Testaments von Fatima» u. v. a. m., sollten dennoch jedem denkenden Menschen «zu denken» geben. (Der Index ist inzwischen gelockert worden. – HK.)

Pius XII. genoß in weiten Teilen der Welt hohe Verehrung. Dennoch werfe ich die Fragen auf:

1. Brauchte er kein Gewissen?
2. Hatte der VICARIVS FILII DEI (Stellvertreter Gottes auf Erden) eine so besondere Zahl, daß er «als solcher» des feingestimmten Instruments des Gewissens nicht mehr bedurfte?

160

3. Warum nennt sich jeder Papst VICARIVS FILII DEI?
4. Warum nennt sich jeder Papst LATINVS REX SA-
   CERDOS (lateinischer Priesterkönig)?

Ich erinnere mich an meine Kindheit. Als ich etwa
zwölf Jahre alt war, schenkte mir ein Wanderprediger
eine Bildkarte, die ich noch heute besitze, denn ich
klebte diese schon damals in meine Bibel, deren Studium
in meinem Elternhause «oberstes Gebot» war. Auf dieser Karte sieht man links oben den dornengekrönten
Jesus von Nazareth, auf einem Esel sitzend, und darunter stehen die Worte: Der Herr.
Rechts davon sieht man ein prächtiges Roß, stolz und
mit erhobenem Kopf. Das rassige Pferd, von dem man
den Eindruck hat, es werde «in hoher Schule geritten»,
trägt einen dreifach gekrönten Papst, ein Zepter in seiner Hand, und darunter stehen die Worte: Der Knecht.
Der Unterschied in der Gewandung des «Herrn» und
des «Knechts» ist grotesk. Hier Armut beim Herrn,
dort Reichtum beim Knecht.
Ich zitiere nicht gern «Gedichte», die keine sind.
Trotzdem will ich die Verse, die unter dem eselsberitte-
nen Herrn und dem hoch zu Roß sitzenden Knecht gedruckt sind, wiedergeben:

«Sieh an, o Freund, dies Bildnis recht – – –
Hier reitet der Herr und auch sein Knecht.
Der Herr auf einem armen Tier (Joh. 12, 14) –
Der Knecht mit höchster Pracht und Zier.
Der Herr trägt eine Dornen-Kron (Joh. 19, 2) –
Der Knecht ein dreifach gülden Kron.
Der Herr war arm auf dieser Welt (Sach. 9, 9) –
Der Knecht hat groß' Gewalt und Geld.

Der Herr hat nichts, da er's Haupt hinlegt (Luk. 9, 58)
Den Knecht man auf den Schultern trägt.
Der Herr den Jüngern wusch den Fuß (Joh. 13, 14) –
Des Knechtes Fuß man küssen muß.
Der Herr litt hier viel Schand' und Spott (Luk. 23,35)
Der Knecht sich ehren läßt als Gott.
Der Herr gibt uns sein' Gnad umsunst (Röm. 11, 6) –
Der Knecht um Ablaß, Geld und Gunst.
Der Herr heißt die Gebote halten (Joh. 14, 15) –
Der Knecht wagt, diese abzuschalten.
Drum merk' aus diesem Beispiel eben – – –
Ob sich vergleich' ihr Lehr' und Leben.
Du siehest daraus sehr geschwind – –
Wie so verschieden beide sind
Und siehst und sagst es frank und frei,
Daß der Knecht wider den Herren sei.»

Wer das Unglück oder Glück hatte, schon in frühe-
ster Jugend mit diesen Ungereimtheiten der Zeit konfrontiert zu werden, leidet unter diesen mehr, als mancher meiner Leser glauben mag. Und immer wieder
fragt man sich: Wer macht eigentlich solche Gesetze?
Und warum befolgt eine ganze Welt diese Gebote der
Willkür? Wo bleibt dabei das Gewissen der Welt? Und
Ungeduld brennt im tiefsten Innern auf, daß all dies Ungelöste, Unerlöste endlich enden möge...
Und doch sagt Rainer Maria Rilke: «Habe Geduld
gegen alles Ungelöste in deinem Herzen und versuche,
die Fragen selbst liebzuhaben wie verschlossene Stuben
und wie Bücher, die in einer sehr fremden Sprache geschrieben sind. Forsche auch nicht nach den Antworten,
die dir nicht gegeben werden können, weil du sie nicht
leben kannst. Und es handelt sich darum, alles zu leben.

Lebe jetzt die Fragen. Vielleicht lebst du dann – eines fernen Tages –, ohne es zu merken, in die Antwort hinein.»

Gewiß, es mag viele Menschen geben, die «Fragen dieser Art» liebhaben wie verschlossene Stuben und wie Bücher, die in einer sehr fremden Sprache geschrieben sind. Aber ich kann den guten Rat des großen Dichters nicht akzeptieren: «Forsche auch nicht nach den Antworten, die dir nicht gegeben werden können, weil du sie nicht leben kannst.» Wie kann ein Mensch Fragen leben, deren Antwort er nicht kennt? Wie kann er in Antworten hineinwachsen, wenn er nicht fragt, wenn er alles mit sich und um sich herum geschehen läßt, was ihn häufig in abgrundtiefe Gewissensnot bringt?

Diese Fragen quälen eine ganze Menschheit, und ich bin gewiß: sie müssen gestellt und aufgeworfen werden, denn schon in wenigen Jahren werden «die Steine schreien», daß den gegenwärtigen «Großen der Welt» Hören und Sehen vergeht. Warten wir getrost... weitere sieben Jahre.

DIE ZAHL DES TIERES 666

Das dritte Leitmotiv dieses Buches (siehe Seite 2) lautet: «Wer Verstand hat, der berechne die Zahl des Tieres, denn es ist eines Menschen Zahl und seine Zahl ist 666.» Offbg. 13, 18 (Schlachter-Übersetzung).

Aus Raumgründen wurden in dieser Folge der «Spur ins UR» die lateinischen Zahlenwerte nicht in unsere gemeinsamen Studien einbezogen. Dies wird erst notwendig und der Fall sein in Folge 3 dieser Reihe «Die Logik der Prophezeiungen Daniels». Um aber meinen Lesern einen kurzen Einblick in die Logik auch dieser «Buchstaben und Zahlen» zu geben, untersuchen wir gemeinsam die lateinischen Zahlenwerte der Titel der Päpste an zwei Beispielen. Zum Vergleich wurde die «Tabelle der Zahlenwerte der Buchstaben alter Sprachen» (siehe Seite 150) mitveröffentlicht.

Beide Ausdrücke:

a) LATINVS REX SACERDOS
b) VICARIVS FILII DEI

gelten für die Päpste in Rom und sollen sich, teils auf der Tiara, der dreifachen Papstkrone, teils über dem Eingang zum Vatikan eingeprägt finden. In lateinischen Zahlwerten haben nur 6 der 18 Buchstaben zum Titel a) und nur 11 der 16 Buchstaben zum Titel b) einen echten Zahlenwert. Daraus ergibt sich:

L A T I N V S   R E X   S A C E R D O S =
50 + 1 + 5   +   10   + 100 + 500   = 666

V I C A R I V S   F I L I I   D E I =
5+1+100   +   1+5   +   1+50+1+1+500 + 1 = 666

Das mag an dieser Stelle genügen. Werner Zimmermann sagt dazu in «Geheimsinn der Zahlen»: «Im ersten Buch der Könige, Kap. 10, Vers 14, wird die Zahl 666 in Verbindung mit dem Golde Salomons angewendet, somit zur Verherrlichung Gottes (? – HK). Viel ausführlicher berichtet die Offenbarung des Johannes, Kapitel 13. Man lese dort nach, wie das siebenköpfige Tier aus dem Meer und das zweihörnige aus der Erde aufsteigt. Einige Verse lauten:

11. Und ich sah ein ander Tier aufsteigen aus der Erde; und hatte zwei Hörner gleichwie ein Lamm und redete wie ein Drache.

13. Und tut große Zeichen, daß es auch machet Feuer vom Himmel fallen vor den Menschen.

16. Und es macht, daß die Kleinen und Großen, die Reichen und Armen, die Freien und Knechte, allesamt sich ein Malzeichen geben an ihre rechte Hand oder an ihre Stirn,

17. daß niemand kaufen oder verkaufen kann, er habe denn das Malzeichen, nämlich den Namen des Tieres oder die Zahl seines Namens.

18. Hier ist Weisheit. Wer Verstand hat, der überlege die Zahl des Tieres, denn es ist eines Menschen Zahl, und seine Zahl ist sechs hundert und sechs und sechzig.

Beides ruht im Menschen: Tierheit und Göttlichkeit, und jeder hat sich frei für Weg und Ziel zu entscheiden.»

Das Gold Salomons... Das siebenköpfige Tier aus dem Meer... Das zweiköpfige aus der Erde... Gleichwie ein Lamm... Und redete wie ein Drache... Und tut große Zeichen... Feuer vom Himmel fallen... Vor den Menschen... Das Malzeichen an der rechten Hand... und an der Stirn... Und niemand kann kaufen oder verkaufen... Es sei denn...

165

Ergänzungen zur 2. und 3. Auflage dieses Buches:

Der Erstdruck enthielt nicht alle bisherigen Kapitelteile. Weitere Fragmente zum 3. Teil des Buches und zu einem Anhang mit zusätzlichen Aspekten lagen bereit, aber es gab gewichtige Gründe, diese – wenigstens sieben Jahre – nicht zu veröffentlichen. Teile daraus wurden hier und da in vorsichtiger Dosierung in der Zeitschrift «Zu freien Ufern» gebracht, aber es fand sich nahezu kein Drucker mehr, der diese herstellen wollte.

Inzwischen sind die Silberstreifen am Horizont heller, die Menschen reifer und selbst Konzilsväter konzilianter geworden. Und die Protestanten protestierten... Und die Einheit ist dennoch in Sicht. Die Zukunft hat schon begonnen... Wir werden sie auf unserer zweiten Fahrt zur Unterwelt der Pyramide in der 3. Folge der «Spur ins UR» anhand der Prophezeiungen und Gesichte Daniels untersuchen.

Weihnachten 1965 erreichte mich ein Leserbrief, der mich bewogen hat, die damalige 2. Auflage dieses Buches etwas zu erweitern und zu ergänzen. Er steht in unmittelbarem Zusammenhang mit unserem Vorkapitel: «Pius XII. und das Gewissen»

Herr H. W. S. aus Kempten schrieb: «In der Weihnachtszeit komme ich wieder auf die Frage: Was ist Gewissen? und – wie ist Pius XII. in seiner ‹Weihnachtsbotschaft› zu verstehen, in der es heißt: «Wenn also eine Volksvertretung und eine Regierung, mit freiem Wahlrecht erkoren, in äußerster Not und mit den rechtmäßigen Mitteln äußerer und innerer Politik Verteidigungsmaßnahmen treffen und die nach ihrem Urteil notwendigen Verfügungen ausführen, so verteidigen sie sich gleichfalls in einer nicht unsittlichen Art, und folglich kann sich ein katholischer Bürger nicht auf das eigene Gewissen berufen, um sich zu weigern, die Dienste zu leisten und die Pflichten zu erfüllen, die gesetzlich festgelegt sind.»

«Ich bin konfessionslos mit weitgehend buddhistischer Orientierung. Katholiken, die ich gefragt habe, konnten mir keine ‹einleuchtende› Antwort geben.»

«Ich bitte um Abdruck in «Zu freien Ufern» und um Stellungnahme...»   Ihr H. W. S.

Der Abdruck ist in den Monatsheften «Zu freien Ufern» 7/66, Folge 161, 16. Jahrgang, Seite 352 mit folgender Antwort erfolgt:

Antwort HK: Nach meiner Auffassung ist «Gewissen» das einzige in uns, das «gewiß wissen» sollte. Mit anderen Worten: Gewissen ist der Gott in uns, der besser weiß, als der Mensch im allgemeinen wissen kann, zumal der letztere von Jugend an mit häufig absurden Vorstellungen und völlig falschen Dogmen belehrt und erzogen wird. Glauben heißt nicht wissen! – so sagt man. Wenn es etwas im Menschen gibt, das nicht zu glauben braucht, so ist es das Göttliche in uns, das Gewissen, denn es ist all-wissend.

Wenn nun der in seinen Vorstellungen nicht mehr kompetente Papst Pius XII., der im Gegensatz zu seinen beiden Nachfolgern bis zu seinem Lebensende immer neue Dogmen und Glaubensgrundsätze erfand, statt diese abzubauen, gesagt hat, daß eine Regierung in äußerster Not Verteidigungsmaßnahmen treffen und die nach ihrem Urteil notwendigen Verfügungen ausführen kann, so ist das richtig und falsch zugleich. Fraglich ist, was Pius XII. unter dem Begriff «rechtmäßige Mittel äußerer und innerer Politik» verstanden haben will. Da

167

sich jedoch der letzte Teil seiner obigen Ausführungen ohne Zweifel auf den Wehrdienst bzw. auf Krieg und Waffengewalt bezieht, ist unschwer zu erkennen, daß er in der Lage war, sich selbst in akuten Widerspruch zum katholischen Katechismus zu setzen, denn dieser sagt deutlich: Du sollst nicht töten.

Wesentlich scheint mir die Formulierung: «die nach ihrem Urteil notwendigen Verfügungen». Denn hier liegt der Angelpunkt jeglichen Gewissens. Es kommt auf den Grad an, mit dem die Regierenden, die auch nur Menschen sind, in Übereinstimmung mit dem göttlichen Funken des Gewissens handeln. Die Formulierung «nach ihrem Urteil» scheint mir persönlich äußerst fragwürdig zu sein. Und Fragwürdiges darf kein Mensch glauben.

Was heißt das: «sich verteidigen in einer nicht unsittlichen Art»? Ein Mensch, der das göttliche Gewissen in sich lebendig erhalten hat, weiß, daß es nicht dasselbe ist, wenn auch nur zwei Menschen das gleiche tun. Ein Mensch, der nicht weiß, daß er Gott mehr zu gehorchen hat als den Menschen, hat nach meiner Auffassung kein Gewissen. Und wenn Pius XII. sagt, daß ein katholischer Bürger sich nicht weigern kann, die Dienste zu leisten und die Pflichten zu erfüllen, die gesetzlich festgelegt sind, so gehört das eben zu jenen Ungereimtheiten und Ungelöstheiten unserer Zeit, ist jedoch mehr als fragwürdig. Und ich wiederhole: Fragwürdiges darf kein Mensch glauben. Denn es ist schon nach den zehn Geboten Gottes, dem Grundgesetz allen Menschentums, dem Maßstab für alles Gewissen dieser Welt, unmöglich, Gott weniger zu gehorchen, als den von irrenden Menschensöhnen gemachten Gesetzen.

Wir sollten durchaus einräumen, daß es Menschen geben kann, deren Gewissen es zuläßt, gewisse Dienste zu

168

leisten und gewisse Pflichten zu erfüllen, die im Gegensatz zum UR-Gewissen des göttlichen Funkens stehen. Der wissende Mensch weiß, daß diese nicht wissen, was sie tun. Aber er weiß auch, daß er nicht tun kann, was andere von ihm wollen, wenn sein eigenes Gewissen im Gegensatz zu solchem Wollen steht.

*

Betrachten wir noch einmal die Pyramide der 10 Sinne im Abschnitt «Vom Sinn der Sinne». Die fünf äußeren Sinne Augen, Ohren, Nase, Mund und das Gefühl müssen mit den fünf inneren Sinnen Geruch, Geschmack, Gehör, Gesicht und dem über allem thronenden Gewissen in Übereinstimmung gebracht werden. Erst dann wird der Mensch zur «Form der EINS», die nicht mehr geteilt werden kann.

KENNEDY UND DIE ZAHL

Im Dezemberheft «Zu freien Ufern» 1964, 14. Jahrgang, wurde ein Aufsatz von Dr. h. c. Werner Zimmermann veröffentlicht, der seltsame Zusammenhänge von
Zahlen und Namen zum Inhalt hatte. Ich zitiere daraus:

«Der Präsident der Vereinigten Staaten von Nord-
amerika hat mehrmals seine Vorahnungen eines frühen
Todes erwähnt. Kurz vor dem tragischen Geschehen er-
klärte er, es sei doch einfach, einen Menschen mit einem
Gewehr und einem Zielfernrohr von den oberen Stock-
werken eines Hauses aus zu erschießen. Am 22. November 1963 haben solche Kugeln ihn in Dallas (Texas) ge-
troffen.

Nun weist ein Merkblatt, das in Amerika verbreitet
wird, auf seltsame Parallelen und verblüffende Zahlen
hin und stellt fest:

Sowohl Präsident Lincoln als auch Präsident Kennedy
haben sich mit den Problemen des Zivilrechts (Neger-
frage) beschäftigt. Lincolns Wahl erfolgte im Jahre 1860,
Kennedys Wahl im Jahre 1960. Beide Präsidenten wurden von hinten angeschossen. Beide Attentäter trafen
den Kopf ihrer Opfer.

Ihre Amtsnachfolger hießen Johnson, waren Demo-
kraten aus den Südstaaten und Mitglieder des Senats.
Andrew Johnson wurde 1806, Lyndon Johnson 1906
geboren.

John Wilkes Booth, der Lincoln erschoß, wurde 1839
geboren; Lee Harvey Oswald, Kennedys vermutlicher
Mörder, wurde 1939 geboren. Booth und Oswald
stammten aus dem amerikanischen Süden und beschäf-

tigten sich mit staatsfremden Ideologien. Booth und Oswald ihrerseits wurden beide ermordet, ehe ihnen der Prozeß gemacht werden konnte. Die Frauen beider Präsidenten beklagten den Tod eines Kindes während der Amtszeit ihrer Männer im Weißen Haus. Beide Präsidenten wurden an einem Freitag und in Gegenwart ihrer Frauen ermordet.

Lincolns Sekretär hieß Kennedy und riet dem Präsidenten von dem fatalen Theaterbesuch ab. Kennedys Sekretär hieß Lincoln und riet dem Präsidenten vom schicksalsschweren Besuch der Stadt Dallas ab. Booth ermordete Lincoln in einem Theater und flüchtete in ein Lagerdepot. Oswald feuerte die Schüsse auf Kennedy aus einem Lagerdepot ab und flüchtete in ein Lichtspieltheater.

Die Namen Lincoln und Kennedy bestehen aus sieben Buchstaben. Die Namen Andrew Johnson und Lyndon Johnson bestehen aus dreizehn Buchstaben. Die Namen John Wilkes Booth und Lee Harvey Oswald bestehen aus fünfzehn Buchstaben.

So meldet das Merkblatt. Die Tatsachen werden sich geschichtlich nachprüfen lassen. Beide Präsidenten wirkten und starben verhältnismäßig jung, Lincoln mit 56 und Kennedy mit 46 Jahren.

Jedes Geschehen des Schicksals hat seinen Sinn und seine Notwendigkeit. Das gilt für jeden Menschen. Lernen wir bejahen und aus allem das Beste machen! Dann wandeln wir uns und die Welt.»

*

Zahlen, Namen, Schicksale... Die seltsame Übereinstimmung der Namen und der dazugehörigen Zahlen,

171

der eigentümliche Intervall der jeweils 100 Jahre Zeit-
unterschied soll nichts weiter bezwecken, als meine Leser zum eigenschöpferischen Nach-Denken anzuregen.
Es mag viele Menschen geben, die geneigt sind, dies alles
für «reine Zufälle» zu halten. Es sind auch Zu-fälle, die
manches «zu Fall» bringen können und die möglicherweise dem einen oder anderen Leser gerade in einem
Zeitpunkt «zufallen», in dem er zufällig von einem Zufall schockiert wurde und deshalb einmal versucht, in
der Umkehr der Werte zu denken. Diese «Logik der
Umkehr der Werte» ist es, die wir in Folge 3 dieser
Reihe noch ausführlich untersuchen werden.

Prüfen wir noch kurz gemeinsam die Zahlen des Namens dieses großen Präsidenten John F. Kennedy:

```
J O H N F. K E N N E D Y
1+7+5+5+8+2+5+5+5+5+4+1=53=5+3=8
  18    +8+        27        =53
  9     +8+        9         =26
```

Aus dem Abschnitt «Die Quersumme der Geburts-
zahlen» und dem Schema «Hauptgruppen männlicher
Wesenszüge» wissen wir, daß die Zahl 8 Ansehen, Erfolg,
Kraft und Vermögen bedeutet. Die Zahlen aus dem
Vornamen John F. ergeben zusammen 18+8 = 26.
Nach dem Geheimsinn der Doppelzahlen bedeutet dies:
Schwerste Warnung vor Partnern. Kennedy allein hat
die Namenszahl 27: «Zepter», Lohn eigener Leistung.
Und der gesamte Name hat genau die gleiche Wurzel-
zahl wie John F. für sich allein.

DAS ARYANISCHE WELTBILD

Im Vorwort zu diesem Buch wurden vier von sieben Merkmalen genannt, die bereits im Schlußteil des Buches «Die Logik der Großen Pyramide» aufgeführt wurden. Das letzte Kapitel dieses 3. Teils soll sich noch ein wenig mit den drei Merkmalen befassen, die im Vorwort nicht erwähnt wurden, nämlich

5. der Mangel an Freiheit der Persönlichkeit,
6. der Mangel an Möglichkeiten der Entfaltung,
7. der Mangel an Unterscheidungsvermögen und eigenem Denken.

Ich sagte in obenerwähntem Buch: «Diese sieben großen Mängel haben dazu geführt, daß es einer Minderheit möglich wurde, die große Mehrheit des einfachen Volkes in Abhängigkeit, Unwissenheit, Furcht, Unfreiheit, Armut und Friedlosigkeit zu halten und damit eine beständige Unzufriedenheit zum Dauerzustand zu erheben. Diese Zeiten des Mißbrauchs der Freiheiten am Ebenbild der Schöpfung und des Schöpfers müssen endlich einem neuen Zeitalter der Gerechtigkeit, einem neuen Maß gewaltloser Lösungen weichen.»

Am Schluß dieser Folge der «Spur ins UR» möchte ich zum Ausdruck bringen, warum ich so felsenfest davon überzeugt bin, daß dieses eben erwähnte «neue Zeitalter» durch ein rein aryanisches Weltbild, als Grundlage «eines neuen Maßes gewaltloser Lösungen», geprägt sein wird.

Wer die «Spur ins UR» gewissenhaft verfolgt, wird immer neu feststellen, daß der Mangel an Freiheit der

173

Persönlichkeit seine Ursachen vor allem in einer systematischen Dogmatisierung unseres Zeitalters der Fische hat. Einer der markantesten Meilensteine auf diesem Wege war das Konzil von Nicäa im Jahre 325 n. Chr.

Schon damals war ein ungeheuerer Kampf zwischen dem konstantinischen und dem aryanischen Weltbild entbrannt. Das konstantinische stützte sich mehr und mehr auf die Lehrmeinung des Paulus, der bekanntlich «vor seiner Bekehrung» ein Saulus war. Das aryanische Weltbild stützte sich ausschließlich auf die UR-Lehre des Jesus von Nazareth, der zum Christus geworden war und unserem sogenannten «christlichen Zeitalter» sein Gepräge gab. Konstantins Anhänger siegten, wie die Gewalt ja sehr häufig über die Gewaltlosigkeit zu siegen scheint, obwohl dies – in der großen Welle des Zeitalters gesehen – eine große Täuschung ist. Arius von Alexandria und seine Anhänger unterlagen, wurden als Konzilsteilnehmer (Konzilsväter) getötet und, wie eindeutig aus den ersten zwei Bänden der Aryana-Dokumente «Jesât Nassar» hervorgeht, in eines der unterirdischen Verließe des damaligen Konzilstempels geworfen. Frau Mariell-Wehrli-Frey, die Autorin und Herausgeberin der Aryana-Dokumente, hat auf einer Forschungsreise in Nicäa persönlich eines dieser Verließe durch eine eingestürzte Decke und mittels einer Leiter betreten und das Teilstück eines Schädels der Arianer geborgen und mitgebracht. Näheres über diese Dokumente findet sich im Anhang zu diesem Buch «Ergänzendes Schrifttum».

Dazu einige Zahlenbeispiele: Die Jahreszahl 325 ist als Quersummezahl eine 10. Nach dem Geheimsinn der Doppelzahlen wird diese Zahl definiert: «Glücksrad», Wechsel, Durchführung von Plänen. – Es ist die gleiche Zahl, die Napoleon beherrschte, als er sich noch Buonaparte nannte, allerdings war es seine «Namenszahl» und nicht die Zahl der Zeit. Für die Zahlen der Zeit ist die 1 des Deutungskompendiums «maßgebend», das im Abschnitt «Kabbalistische Karma-Forschung» behandelt wurde. Für diese 1 steht: «Mut, Unabhängigkeitsdrang, freier heller Kopf, Angriffslust».

Setzen wir die sehr entscheidende Jahreszahl 325 n. Chr., von der überall behauptet wird, daß in diesem Jahr das Christentum zur Staatsreligion deklariert wurde, in Beziehung zur Namenszahl des Napoleon Buonaparte oder zur Zahl 1 des Deutungskompendiums, so bin ich geneigt, gleiche Grundtendenzen zu erkennen, nämlich:

a) sowohl Napoleon wie Konstantin wollten «ihre Welt beherrschen» und hatten Welteroberungspläne;

b) sowohl Napoleon wie Konstantin bedienten sich der Mittel der Gewalt, um andersorientierte Menschenbrüder zu bekämpfen, zu besiegen, zu töten;

c) sowohl Napoleon wie Konstantin knebelten die Freiheit der Persönlichkeit und machten sich kein «Gewissen» daraus, das Grundgesetz allen Menschentums zu ignorieren und alle Möglichkeiten der Entfaltung (Mangel 6) einzuschränken bzw. zu beseitigen;

d) sowohl Napoleon wie Konstantin legten Grundsteine zum größten Mangel ihrer Nachwelt, dem Mangel an Unterscheidungsvermögen und eigenem Denken.

Ebensowenig, wie man das urchristliche Gedankengut dadurch aus der Welt schaffen konnte, daß man Jesus, genannt Christus, ans Kreuz schlug, ebensowenig, wie man das aryanische Weltbild des UR-Christentums dadurch aus der Welt schaffen konnte, indem man die Arianer einfach in den heiligen Räumen des Konzils tötete, ebensowenig kann jemals eine Institution Ursachen schaffen, ohne auch die Wirkung am eigenen Leibe verspüren zu müssen.

Wenn auf dem Konzil zu Rom, wie zu vernehmen war, Papst Johannes sagte, daß «man auch die Arianer» anhören müsse, so ist dies das brennende Zeichen unserer Zeit, daß die Märtyrer von 325 n. Chr. nicht umsonst gestorben sind.

Genauso, wie Jesus von Nazareth gegen die Dogmatisierung seiner Zeit kämpfen und die Händler und Wechsler aus dem Tempel vertreiben mußte, genauso werden in unseren Tagen Tempel geräumt werden müssen, in denen
a) der Mangel an Freiheit der Persönlichkeit,
b) der Mangel an Möglichkeiten der Entfaltung,
c) der Mangel an Unterscheidungsvermögen und eigenem Denken,

sorgsam gepflegt und systematisch vergrößert worden sind. Je weniger der Mensch frei war, umso besser war es für jene Tempelhändler. Je weniger Möglichkeiten der Entfaltung dem Einzelnen blieben, umso größer waren die Möglichkeiten eigener Entfaltung und Machtausweitung. Je weniger Unterscheidungsvermögen und eigenes Denken der Einzelmensch besaß bzw. pflegte, umso besser konnten die Institutionen an sich selbst denken.

Der Name A R Y A N A hat folgenden Zahlenwert:

$$1+2+1+1+5+1 = 11$$

Diese 11 ist gleichzeitig Namens- und Zahl der Zeit. Sie bedeutet nach dem Deutungskompendium: «Unübertreffbar, Sieghaftigkeit, Ausdauer, hohes Temperament, zähe Kraft und Beharrlichkeit...»

In diesen Prädikaten liegen alle Wurzeln des aryanischen Weltbildes, das 1640 Jahre lang totgeschlagen und totgeschwiegen wurde. $1640 = 1+6+4+0 = 11$.

SUCHEN UND FINDEN

Am 3. Mai 1970 schrieb mir einer der Leser der zweiten Auflage dieses Buches:

«Sehr geehrter Herr Kissener,

... vorgestern habe ich Ihr Buch über Buchstaben und Zahlen zum erstenmal gesehen, gestern gelesen und heute schon etwas «selbständig» herausgefunden, was Sie vielleicht interessieren könnte. Nebenbei, ich befasse mich erst seit einigen Monaten mit Zahlen. Mein Geburtstag ist der 23. Februar 1945. Gegenwärtig studiere ich Theologie an der Uni Bern.

Die Erfahrungen, die ich mit Zahlen schon gesammelt habe, sind ziemlich erstaunlich für mich. Zum beigelegten Blatt «Schema zur menschlichen Evolution» brauche ich Ihnen sicher nichts zu sagen ...

Ich verbleibe herzlichst und mit den besten Wünschen

F. E. H., Köniz/Schweiz

Ich erhalte ziemlich oft Schreiben dieser oder ähnlicher Art. Und wer Augen hat zu sehen, der sieht ... Und wer sucht, der findet ... Das «Schema zur menschlichen Evolution», das nur als Bleistiftskizze dem Brief beilag, habe ich nachgezeichnet und dabei einige Zahlenangaben weggelassen, die eine klare Meditationsmöglichkeit nur erschwert haben würden.

Die 8 Guten Taten, die der Schreiber des Briefes im oberen rechten Quadrat der «Form von Ursache und Wirkung» aufzeichnet, haben bei Anwendung des Zahlenschlüssels nach Cheiro folgende Wertaussagen:

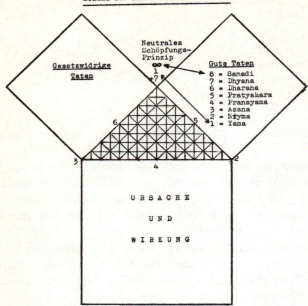

YAMA = 1+1+4+1 = 7.
NIYAMA = 5+1+1+1+4+1 = 13 = 4.
ASANA = 1+3+1+5+1 = 11.
PRANAYAMA = 8+2+1+5+1+1+1+4+1
 = 24 = 6.

PRATYAHARA = 8+2+1+4+1+1+5+
 1+2+1 = 26 = 8.

DHARANA = 4+5+1+2+1+5+1 = 19
 = 10 = 1.

DHYANA = 4+5+1+1+5+1 = 17 = 8.
SAMADHI = 3+1+4+1+4+5+1 = 19
 = 10 = 1.

Zählt man die 8 Wurzelzahlen der obigen acht Yoga-Begriffe zusammen, so ergibt sich: $7+4+11+6+8+1+8+1 = 46 = 10 = 1$!

Alle heiligen (heiligenden) Zahlen sind mit 1, 4, 7 und 10 enthalten.

Unter dem Schema zur menschlichen Evolution (siehe Zeichnung Seite 178) schrieb der Theologiestudent noch die Worte des Weisen Pythagoras, die ich ganz zu Beginn dieses Buches zum Auftrag erhob:

«Suche die Form, die der heiligen Zahl Eins entspricht
und die durch Teilung oder das Quadrat der Teilung
deinem Auge die drei anderen heiligen Zahlen,
die Vier, die Sieben und die Zehn,
sichtbar macht.
Hast du sie gefunden,
So erkennst du nicht nur,
wer oder was du bist,
du erkennst auch,
wo du stehst, wo die Mitte ist
und das Ziel deines ganzen Menschenweges.
Und vieles andere wirst du überdies erkennen.
Wer Augen hat, zu sehen, der sehe . . .»

IV.

ZUSÄTZLICHE ASPEKTE
(Anhang)

UNITOLOGIE — SCHLÜSSELWORTE

(aus dem Englischen übersetzt von E. G. Johns)

Die Unitologie der Marguerite Haymes gilt als Schlüssel zur Erkenntnis der Lebens-Grundschwingungen und zu ihrer Beherrschung. Nur wer um seine von oben kommenden kosmischen Zahlen und Vibrationen weiß, die sein Leben maßgeblich bestimmen, vermag es in richtiger Weise zu dirigieren und seine Lebensaufgabe zu erfüllen – so sagt sie, und ferner:

«Dies ist ein rhythmisches Universum; alles fließt in seinem eigenen Tempo der Vibration.»

Die ganze Lehre von Marguerite Haymes kann mit den Worten, «daß man sich in sein eigenes, persönliches Vibrations-Tempo einzustimmen hat und dieses Tempo für immer beizubehalten sich bemühen soll, kurz zusammengefaßt werden.

Nachdem Frau Haymes mehr als 25 Jahre für Forschungen und intensives Studium aufgewandt hatte, war es ihr gelungen, die Grundprinzipien der Astrologie und der Zahlenmystik zu vereinen. Das Resultat nennt sie *«Unitologie»*. Der Zweck dieser ist, dem Menschen zu helfen, seine inneren Möglichkeiten aufzudecken, seine Fähigkeiten, Bedürfnisse und Wünsche zu erkennen und zu begreifen, daß eine Kraft existiert, der er sich anschalten und die er für sich benutzen kann. Die Unitologie lehrt, daß wir uns unserem rhythmischen Schema anzupassen und unser Leben danach einzurichten haben. Wenn wir das können, finden wir Frieden und erlangen Erfolg und Wohlbefinden. Marguerite Haymes behaup-

183

tet, daß die Menschen dazu bestimmt sind, *jetzt,* in der Gegenwart, glücklich und zufrieden zu sein.

Während ihres Werdegangs war es Frau Haymes vergönnt, mit den bedeutendsten Esoterikern ihrer Zeit in Verbindung zu treten und deren Lehren in sich aufzunehmen. Bereits in ihrer Jugend las und studierte sie alles, was sie über Astrologie, Yoga, die Vedas (auch Veden oder Wedas = die hl. Schriften der altindischen Religion), die Weisheit des alten Ägypten und die Kabbala finden konnte. All das führte sie zum Wissen von den Zahlen.

Sie war schließlich so weit gekommen, daß sie allein nicht mehr weiter konnte und nach der okkulten Überlieferung auf einen persönlichen Lehrer zu warten hatte. Sie fand diesen auch in der Person der namhaften amerikanischen Esoterikerin *Athena,* die als echte Mystikerin dazu erkoren war, das Wissen von dem Unsichtbaren in eine materielle und greifbare Form zu bringen. Ihre Lebenszahl war die 22, ihr astrologisches Zeichen der Krebs.

Später, als Marguerita Haymes in Paris Gesang studierte, führte sie der Zufall zu dem berühmten Musikpädagogen *Maurice Jacquet,* einem früheren Protegé Debussys, der bereits mit 13 Jahren die Opera Comique dirigiert hat. Jacquet unterwies sie nicht allein in modernem Gesang, sondern insbesondere auch in esoterischen Dingen, da er als Mystiker und Großmeister des europäischen Rosenkreuzerordens ein Berufener auf diesem Gebiete war. Er lehrte sie, wie die Zahlen spirituell auszudeuten sind und vieles andere mehr.

Ihr letzter Lehrer auf okkultem Gebiet war der berühmte Yogi und Meister der östlichen Philosophie *Paramhansa Yogananda.* Von Yogananda lernte sie alles

184

das, was ihr noch zu wissen bestimmt war. Die letzten Worte Yoganandas, die er kurz vor seinem Tode an Marguerita richtete, waren «Ich werde Sie auf diesem Erdenplane nicht mehr sehen. Sie müssen jetzt in Ihrem eigenen Inneren nach weiterer Erleuchtung suchen.»

Mrs. Haymes wußte nun, daß sie fernerhin keine Lehrer mehr brauchte, und sie verließ sich von da an ganz auf ihre eigenen Kräfte im Inneren, die ihr weitere Offenbarungen brachten.

Ihre eigenen Zahlen für diesen Zyklus sind 11 und 22. Sie besagen, daß ihre Bestimmung darin liegt, dem Geist und den Herzen ihrer Mitmenschen Erleuchtung zu bringen, damit sie durch Anwendung ihrer inneren Kräfte wieder volle Freude am Leben fänden.

Der Leser könnte nun sehr wohl fragen, «was ist denn diese innere Kraft und wie könnte ich mich an sie anschalten?» In ihrem Buch «Unitologie» hat Marguerite Haymes die Prinzipien und Mechaniken niedergelegt, nach denen sie ihr eigenes Leben steuert. Alles, was der Mensch zu erfahren fähig ist, behauptet sie, kann zu den Werten der Zahlen *eins* bis *neun* reduziert werden. Zu diesen einstelligen Zahlen gelangt man durch Reduzierung aller möglichen Zahlenkombinationen zu ihrer Grundessenz. Diese Essenz vibriert dann durch die Einzelzahl. Neben diesem Zyklus von neun Einzelzahlen gibt es noch die beiden *Meisterzahlen 11* und *22*. Diese beiden werden niemals weiter reduziert.

Die Grundlage einer persönlichen Unitologie-Analyse bilden die folgenden vier Hauptzahlen:

a) die Zahl des Lebensweges;

b) die Tageszahl;

c) die Zahl des Selbstausdrucks;

d) die Zahl des Seelentriebes.

185

Die erste und *wichtigste* Zahl, die des Lebensweges, wird von den Geburtsdaten einer Person abgeleitet.

Lassen Sie uns zur Illustration das nachstehende Geburtsdatum untersuchen:

März den 29.   1922
   3   11   14 (gleich 5)
   3   +   11   +   5   =   19   =   10   =   1

Diese Zahl finden wir auf folgende Weise: März ist der 3-te Monat und gibt uns die Zahl 3. Der Tag (29) ergibt: $2+9 = 11$. 1922 ist gleich – $1+9+2+2 = 14$. Die 3 kann nicht weiter reduziert werden. 11 wird als Meisterzahl nicht reduziert. 14 $(1+4)$ wird zu 5. $3+11+5$ ergibt 19 und wird $(1+9)$ zur 10, und die 10 $(1+0)$ wird zu 1 reduziert.

Die Zahl 1 ist somit die wichtigste Zahl im Leben dieser Person. Sie bestimmt ihr Schicksal, das sie nicht ändern kann. Sie hat aber die Fähigkeit, dieses Schicksal zu dirigieren. Von dieser Zahl einer Person kann festgestellt werden, was ihre Möglichkeiten, ihre verborgenen Neigungen, ihre Talente und ihre Wünsche sind. Nach Marguerite Haymes symbolisiert diese erste Zahl «den Grad der Vibration einer Person – ihre Frequenz –, ihre spezifische Bestimmung im Leben».

Hier folgt nun laut Mrs. Haymes Unitologie eine Beschreibung der besonderen Bedeutung jeder einzelnen Zahl, mit dem zugehörigen Schlüsselwort für den Lebensweg:

1: Schlüsselwort = *Individualisierung*

Eine Person mit der Zahl 1 ist jemand, der stets auf eigenen Füßen steht. Sie ist unabhängig und muß so sein, da sie sozusagen die Eiche darstellt, die der Masse Zuflucht gewährt. Sie muß ihre eigenen Kräfte stärken und ihren eigenen Kopf benutzen, um neue originelle Methoden zu ersinnen, kurz: sie hat sich schöpferisch zu betätigen. Sie muß ihren Körper, ihren Verstand und ihre Seelenkräfte bis zur äußersten Möglichkeit beherrschen und dirigieren lernen. Sie sollte keine Einschränkungen akzeptieren, muß aber lernen, sich einzufügen und mit den anderen zusammenzuwirken, ohne ihre Individualität aufzugeben.

2: Schlüsselwort = *Anpassung*

Eine Person mit der Zahl 2 wird naturgemäß der Leitung anderer folgen. Menschen mit dieser Zahl werden gute Diplomaten, Friedensstifter und Vermittler. Hier besteht im Gegensatz zu Nummer 1 der Hang, sich Gruppen und Gemeinschaften anzuschließen. Die weibliche 2 wird eine perfekte Ehefrau, da sie sich allen anderen Zahlen gut anpassen kann. Die 2er-Person ist sehr gesellig und erfreut sich daran, anderen mit liebevoller Rücksicht zu helfen. Sie ist auch recht empfänglich für Rhythmus und Musik.

3: Schlüsselwort = *Selbstausdruck*

Eine Person auf diesem Lebenswege findet stets Freude am Leben. Sie ist geneigt, ihre Gelegenheiten auf der leichteren Seite des Lebens zu suchen. Eine künstlerische Umgebung paßt am besten zu ihrer Persönlichkeit. Sie ist immer bestrebt, sich durch Schreiben, Reden oder die Kunst auszudrücken. Die 3er-Personen sind besonders beliebt in sozialen Versammlungen und werden dort als Stützen ihrer Partei angesehen.

4: Schlüsselwort = *Organisation*

Diese Menschen sind die Bauleute, die auf einer festen Grundlage beginnen und etwas von dauernder Bedeutung zu erbauen trachten. Sie erfüllen ihre Aufgaben geduldig und verläßlich und sind imstande, große Dinge zu erreichen. Gleichwie die Vier die Zahl der Erde ist, stehen diese Menschen mit beiden Füßen fest auf dem Erdboden. Sie arbeiten fleißig an der Sache, die sie gerade in Händen haben, und sind bestrebt, sie nach Möglichkeit vollkommen zu gestalten.

5: Schlüsselwort = *Freiheit*

Diejenigen, die die Fünf als Zahl ihres Lebensweges haben, müssen vorbereitet sein, häufige unerwartete und vielfältige Wechsel ihrer Umstände zu erleben. Fünfer-Personen reisen viel und lernen alle Klassen der Menschheit und ihre Verhältnisse verstehen, ohne in Rassenvorurteile zu verfallen. Sie sind stets auf der Suche nach dem Neuen und Fortschrittlichen. Ihre Aufgabe ist es, wenn es erforderlich ist, vernünftig nachgeben zu können. Diese Personen gelangen nur zur Reife, wenn sie sich wechselnden und ungewissen Verhältnissen anzupassen vermögen. Interessanterweise ist die Zahl des Lebensweges der USA auch eine 5.

6: Schlüsselwort = *Ausgleich*

Dies sind die Verantwortungsvollen, da die Sechs die Zahl der unpersönlichen, aufopfernden Liebe ist. Diese Personen erfüllen ihre Aufgabe still, heiter und gründlich, indem sie dem Grundsatz des Ausgleichs folgen, um unharmonische Verhältnisse auszuglätten. Die Menschen kommen oft zu der Sechser-Person, um bei materiellen oder spirituellen Problemen Hilfe zu erbitten, und sie muß stets bereit sein, diese zu gewähren. Einige Personen mit der 6 als Lebensweg-Zahl haben eine besondere Begabung für Musik; ihre eigentliche Neigung gilt jedoch ihrem Heim und harmonischer Ausgestaltung.

7: Schlüsselwort = *Weisheit*

Die Sieben ist eine kosmische Zahl mit Beziehung zu den sieben Planeten, den sieben Wochentagen, den sieben Farben und den sieben Tönen der Tonleiter. Dinge und Gelegenheiten kommen zu den Siebener-Personen, ohne daß sie besonders danach suchen. Sieben ist die Zahl der geistigen Analytiker. Diese Menschen suchen nach Antworten. Sie sollten ihre geistigen Fähigkeiten dazu benutzen, die Mysterien und die verborgenen Wahrheiten des Universums zu erforschen. Sie sorgen sich nicht um materielle Dinge, da sie wissen, daß sie durch Anwendung spiritueller Gesetze prosperieren (vorankommen) werden. Die Siebener-Menschen brauchen Zeit und Ruhe zum Studium und zum Ergründen ihres Ichs. Sie sind potentielle Mystiker und studieren gern Theorien zur Lebensführung, um Richtlinien für sich selbst zu finden.

8: Schlüsselwort = *materielle Freiheit*

Diejenigen, die die Acht als die Zahl ihres Lebensweges haben, sind die praktischen Menschen der materiellen Welt. Sie streben gewöhnlich nach Macht und Erfolg. Sie lieben zu arbeiten und sollten bereitwillig jede Gelegenheit ergreifen, ihre Fähigkeiten und ihre Tüchtigkeit zu demonstrieren. Die 8 ist die Zahl, die mit großen Körperschaften und Organisationen zu tun hat. Sie ist eine kraftvolle Zahl. Gleich der Elektrizität hat sie das Vermögen, der Menschheit Licht zu bringen, sie hat aber auch die Macht zu töten.

9: Schlüsselwort = *Universalität*

Diese Zahl repräsentiert die Bruderschaft der Menschen. Sie zeigt einen schwierigen Weg an; da sie vollendete Humanität fordert. Diejenigen, die dieser Vibration unterstehen, müssen willens sein, alle persönlichen Wünsche und allen Ehrgeiz aufzugeben. Sie werden ihre besten Gelegenheiten bei Gefühlsmenschen und inspirierten Künstlern finden. Neun ist die höchste dem Künstler zugängliche Vibration; sie operiert nach den Richtlinien des Vollbringens. Ihr Appell richtet sich an die Vielen.

11: Eine Meister-Zahl.

Schlüsselwort = *Offenbarung*

Dies ist der Träumer, der Visionär, einer, der seine Ideale intuitiv findet. Diejenigen, die dieser Vibration unterstehen, leben auf einer höheren Ebene als auf der strikt materiellen. Ihre Berufung ist, Neues und Erhebendes der Welt zu verkünden. Sie sind die Botschafter, die Wortführer, die Verkünder.

22: Meisterschaft.

Schlüsselwort = *materielle Meisterschaft.*

Dies ist der praktische Idealist, der die Ideale der Elfer nimmt und sie zur praktischen Nutzanwendung bringt. Der 22er Mann ist Meister auf der materiellen Ebene, dem der Nutzen und der Fortschritt der Menschheit am Herzen liegt. Er übernimmt gern Dinge von internationalem Ausmaß und ist groß im Ersinnen philanthropischer Pläne. Der Appell des 22ers richtet sich an die Massen, um deren Entwicklung, Wachstum und Fortschritt er besorgt ist.

Bevor wir in der Untersuchung der Unitologie weitergehen, ist es notwendig, auch die *negativen Aspekte,* resp. die unteren Enden der Vibrations-Skala der einzelnen Zahlen hinzuzufügen.

 1: Schlüsselwort = Selbstsucht
 2: Schlüsselwort = Selbstentäußerung
 3: Schlüsselwort = Oberflächlichkeit
 4: Schlüsselwort = Sturheit
 5: Schlüsselwort = Genußsucht
 6: Schlüsselwort = Tyrannei
 7: Schlüsselwort = Zurücknahme
 8: Schlüsselwort = nachtragend
 9: Schlüsselwort = egozentrisch
11: Schlüsselwort = Fanatismus
22: Schlüsselwort = Anstifter (Rädelsführer)

Wenn Sie die Grundauslegung der verschiedenen Zahlen kennengelernt haben, können Sie sie für die Zusammenstellung Ihrer eigenen Analyse benutzen, meint Marguerite Haymes.

Nachdem die Zahl des Lebensweges gefunden ist, sollten Sie in der Weiterführung Ihrer eigenen Übersicht fortfahren, indem Sie zunächst die Vibration Ihrer *Tageszahl* feststellen. Wenn wir auf das vorhin gegebene Beispiel zurückgreifen – den 29. März 1922 – finden wir die Tageszahl durch Reduzierung der 29 (2 + 9) zu 11, die als Meisterzahl nicht weiter reduziert werden darf.

Die Tageszahl wirkt sich stets in Verbindung mit der Zahl des Lebensweges aus, indem sie deren Auswirkung dirigiert. Bei Ausarbeitung einer individuellen Analyse sollte man die Bedeutung dieser beiden Hauptzahlen nochmals nachlesen, um zu sehen, ob sie einander ergänzen, oder ob sie Gegensätze bilden.

Für die anderen zwei Hauptzahlen ist es erforderlich, daß wir die Geburtsdaten fortlassen und uns auf den tatsächlichen Namen der Person konzentrieren. Der Name ist gemäß den Regeln der Unitologie sehr wichtig, da er mit Schall verbunden ist und eine direkte Vibrations-Manifestation darstellt. Aus dem Umstand, daß jeder Buchstabe des Alphabetes seinen eigenen Ton hat, folgt, daß jedem Buchstaben seine eigene bestimmte Zahl zugeordnet ist. Indem wir den Zyklus von 1 bis 9 benutzen, ist es wichtig, daß wir die Essenz jeder Zahl feststellen. Die nachstehende Tabelle mit einem als Beispiel angeführten Namen zeigt, wie man zu den Zahlen-Vibrationen gelangt.

1	2	3	4	5	6	7	8	9
A	B	C	D	E	F	G	H	I
J	K	L	M	N	O	P	Q	R
S	T	U	V	W	X	Y	Z	—

Beispiel:

M a r y	L o u	H a y e s
4 1 9 7	3 6 3	8 1 7 5 1
21	12	22
3	3	4

$$3 + 3 + 4 = 10 = 1$$

Die Zahl 1 ist somit Mary Lou's *Zahl des Selbstausdrucks*. Diese Zahl bezieht sich auf das äußere Selbst, den Charakter im allgemeinen, die Persönlichkeit.

Wenn wir zu den ursprünglichen Erläuterungen bezüglich der einzelnen Zahlen zurückgehen, so muß die 1 Mary zu einer selbständigen Person mit eigenem Willen machen. Sie wird die Fähigkeit haben, ihr Leben nach eigener Façon zu führen und fest auf eigenen Füßen zu stehen.

Die vierte und letzte *Hauptzahl* ist die Zahl des Seelentriebes. Die Unitologie findet diese durch Addition der Zahlen, die den Vokalen im Namen der zu untersuchenden Person zugeeignet sind.

Wir benutzen wiederum Marys Namen und erhalten:
A Y O U A Y E
$1+7+6+3+1+7+5 = 30$

Durch Addition und Reduktion gelangen wir zu einer 3. Diese Zahl repräsentiert nun *Marys Seelen-Trieb*, ihr inneres Selbst. Sie bestimmt ihr Potential, ihr Sehnen und ihre verborgenen Talente. Als eine 3er Person strebt ihr inneres Wesen danach, Freude zu bereiten und auszudrücken, den Menschen, alle Kreatur und allen Aspekten des Lebens Liebe entgegenzubringen.

Wenn sich Ihre Kenntnisse der Unitologie erweitern, sagt Mrs. Haymes, sollten Sie beginnen, interessante Vergleiche zwischen ihrer eigenen Analysen-Tabelle und den Analysen derer, mit denen Sie auf dem Lebenswege verbunden sind, anzustellen. Lernen Sie Ihre Zahlen zu benutzen! Wenden Sie sie bei Ihren täglichen Aufgaben an und bei den Gedankengängen, die sie begleiten! Seien Sie bereit, sich auf Ihren eigenen Vibrations-Weg einzustimmen und sich auf ihm zu bewegen! Sie werden erstaunt sein, um wieviel leichter sich die Dinge gestalten werden. Insbesondere aber werden Sie aufhören, sich selbst zu bekämpfen und lernen, die auf einer höheren Frequenz operierenden universellen Kräfte in Ihr Leben zu dirigieren.

193

Betrachten wir den Fall einer jungen Dame, die zu Mrs. Haymes kam. «Was soll ich tun und wohin soll ich gehen?» fragte sie, «ich kenne hier niemand, außer einer Dame, die ich, ebenso wie ihre Freunde, nicht ausstehen kann. Ich brauche ein eigenes Zimmer, und ich brauche eine Arbeit.»

Mrs. Haymes, die ihren Rat darauf gründete, daß das junge Mädchen eine 3er Person war, empfahl ihr, die erste Einladung, die sie erhalten würde, zu akzeptieren, sich nett anzuziehen, so zu tun, als ob sie sich in der Gesellschaft besonders wohlfühle und zu beobachten, was die 3 für sie tun würde, wenn sie Gelegenheit zu wirken habe. «Die 3 zieht magnetisch zu sich an, und Sie als eine 3er Person werden genau dasselbe tun, wenn Sie sich entsprechend verhalten», waren Mrs. Haymes letzte Worte.

In weniger als einer Woche erhielt Frau Haymes einen Telefonanruf von einem überglücklichen Mädchen: «Es ist unglaublich; ich kann es einfach nicht fassen, daß es wirklich geschehen ist», wiederholte sie immer wieder. Um Einzelheiten befragt, erzählte sie, daß sie während eines Zusammenseins bei der ihr unsympathischen Dame einen Herrn kennengelernt hätte, der einen Untermieter für ein schönes möbliertes Zimmer suchte, und ausgerechnet in der Gegend, wohin sie zu ziehen beabsichtigte. Kurz nachdem sie eingezogen war, traf sie in einer Gesellschaft, die ihr neuer Freund und Hauswirt gab, einen älteren Herrn, der jetzt ihr Arbeitgeber und Chef sei.

Um noch weiter zu illustrieren, wie die Zahlen in unserem Leben wirken, hat Mrs. Haymes Analysen einiger der bedeutendsten und populärsten Persönlichkeiten unserer Zeit angefertigt. Die Interpretation dieser Übersichten zeigt, wie die betreffenden Personen die sie umgebenden Kräfte ausgenutzt und wie ihre Zahlen sie unbewußt beeinflußt und geleitet haben.

Ernest Hemmingway wurde auf der Höhe seines Schaffens als der größte lebende Schriftsteller Amerikas angesehen. Wie würden seine Zahlen das bestätigen? In ihre Analyse stellte Frau Haymes fest, daß Hemmingways Zahl des Lebensweges eine 1 war, was darauf hinweist, daß sein Schicksal auf dem Felde der schöpferischen Arbeit lag und daß er dazu ausersehen war, neue, originelle Wege des Ausdrucks zu entwickeln und individuell auszugestalten. Das alles zeigt sich schlagend in seiner knappen journalistischen Schreibweise und in seiner genialen Art, natürlich klingende Dialoge für seine Romane zu ersinnen.

Der Tag, an dem Hemmingway geboren wurde, der 21., ergibt eine 3. Sie zeigt, daß die Richtung, die sein Schicksal nimmt, Selbstausdruck ist. Hier haben wir einen Mann, der seine Arbeitskraft und seine Talente verstreut und geneigt ist, ihre Auswirkungen unter die Leute zu bringen. Er liebt das Leben und alle Tiere. Er macht aus dem Leben ein Spiel und hat es gern, Freude und Glück zu verbreiten und darauf zu sehen, daß jedermann es gut hat. Die Zahl 3 ist auch die Zahl des Schriftstellers.

Hemmingways Name reduziert sich ebenfalls zu einer 3, die hier sein spezifisches Schriftsteller-Talent verstärkt und sein völliges Aufgehen in seinen Beruf kennzeichnet.

Die Zahl seines Seelentriebes ist, wie die seines Lebensweges, eine 1, was die Vibration des letzteren weiter erhöht. Hemmingway hatte einfach eine führende Rolle zu spielen und sein Schicksal selbst zu lenken.

Um eine andere, sehr beliebte zeitgenössische Persönlichkeit Amerikas anzuführen, sei der Sänger *Bing Crosby,* alias Harry L. Crosby, erwähnt, dessen von Mrs. Haymes ausgearbeitete Lebensanalyse sich wie folgt ausnimmt:

Der Lebensweg Crosbys läßt sich auf die Zahl 3 zurückführen, was auf sein angeborenes Talent für das Unterhaltungsfach und die Fähigkeit, seine Gefühle im Gesang auszudrücken, hinweist. Auf diesem Felde spielt sich somit sein Schicksal ab. Die Vibration seiner Tageszahl ist die einer 2, was ein starkes Kennzeichen für die Richtung ist, die sein Schicksal annimmt, da die 2 ihm Verständnis für Rhythmus und Musik verleiht. Die 2 steht ebenfalls für Harmonie, Scharm, Menschenliebe und Rücksichtnahme für andere, welche letztere Eigenschaften Crosby zu einem der beliebtesten, außergewöhnlichen und unvergessenen Sänger seiner Zeit gemacht haben.

Crosbys Name macht ihn zu einer 11er Person, dem Sucher nach Idealen, mit der Fähigkeit, sie auch zum Ausdruck zu bringen. Er ist glücklich, wenn er seine eigene Art von heller Freundlichkeit und Sorglosigkeit in das Leben anderer bringen kann.

Crosbys Zahl des Seelentriebes geht auf eine 3 zurück und wiederholt die Zahl seines Lebensweges. Mrs. Haymes erwähnt in ihrer Analyse, daß seine Neigung, Liebe und Unbekümmertheit auszustrahlen, durch diesen Umstand weiter unterstrichen wird. Er sorgt sich nie und nimmt die Dinge so, wie sie kommen. Negative Gedanken kennt Crosby nicht. Er ist stets gut gelaunt und an den Dingen interessiert, die ihn umgeben. Er freut sich, populär zu sein und viele Freunde zu haben. Er liebt Kinder, Tiere und alle guten Dinge dieser Erde.

196

In gewissem Sinne können die letzteren Worte auch auf Marguerite Haymes selbst angewandt werden. Sie scheint das Leben in allen seinen Formen zu lieben und einen festen Glauben und Freude am Leben zu haben. Sie ist ein lebendes Beispiel für all das, was sie lehrt, und bildet eine Quelle der Inspiration für alle, die mit ihr in Berührung kommen, sei es in ihrem New Yorker Büro oder in den Vortragssälen.

«Wir müssen den von oben kommenden Gesetzen gehorchen, aber auf unserem eigenen Plane haben wir zu bestimmen und die Anordnungen zu treffen», sagt Marguerite Haymes. «Wenn wir das beachten, befinden wir uns im Einklang mit dem Gesetz und können es dirigieren, anstatt von ihm benutzt zu werden. Alles wird durch die Kraft des Geistes zuwege gebracht. Wir sind wahrhaft magnetisch, wenn wir uns auf unserer eigenen mentalen Wellenlänge bewegen. Wenn das richtig verstanden wird, wird es einen nicht erstaunen zu sehen, wie sogenannte Wunder zustande kommen.»

Brad Steiger

DIE ZAHLENPHILOSOPHIE NACH REICHSTEIN

Die Charakter- bzw. Schicksalsbestimmung aus dem Namen und Geburtsdatum eines Menschen ist durch die esoterische Wissenschaft der Kabbalistik oder Zahlenphilosophie gegeben. Der Charakter eines Menschen bildet sein Schicksal, sein Karma, ein Arkanum des Geistes. Er ist in die Zahlen als das Wesen aller Dinge eingebunden. Dennoch sollten wir, wie schon Werner Zimmermann es im Nachwort zum Buch von Brown-Landone «Die Mystischen Meister» getan hat, die Fragen stellen: Ist alles Geschehen vorausbestimmt? Gibt es keinen freien Willen? Hat es keinen Sinn, sein Leben und Schicksal bewußt gestalten zu wollen? Sind wir nur Marionetten höherer Mächte und haben uns blindem Fatalismus zu ergeben?

Werner Zimmermann versuchte durch ein Wort von Goethe abzuklären:

«Von der Gewalt, die alle Wesen bindet,
befreit der Mensch sich, der sich überwindet.»

und schrieb: «Erfahrene Astrologen wissen und erklären, daß die Sterne nicht zwingen, daß sie nur geneigt machen. Dies gilt auch für die prophetische Vorschau. Das Gesetz von Ursache und Wirkung ist da, karmisch weit über Geburt und Tod hinausreichend. Es ‹bindet› alle Wesen (auch das Wesen aller Dinge, die Zahl HK). Doch der Mensch kann sich von ihm befreien, wenn er ‹sich überwindet›. Was ist damit gemeint?

In den Büchern «ICH BIN» und «Liebe dein Schicksal» sind diese Fragen weitgehendst erläutert. Unsere Gedanken und Taten unserer (karmischen) Vergangenheit sind die Saat, die als Ernte in unserem heutigen und künftigen Schicksal aufgeht. Wer die Saat kennt, sei es im Garten oder im Menschenleben, der weiß auch, was die Ernte bringen wird – oder doch bringen kann! Wie die Saat, so die Ernte! So will es Gerechtigkeit und Weisheit des Schöpfungsplanes.

Unsere innere Erkenntnis und Haltung bestimmt, ob ein notwendiges Geschehen uns zum Segen oder zum Fluche zu werden hat! Wer in der Ichhaftigkeit seines kleinen Persönchens befangen bleibt, der untersteht der bindenden Gewalt. Für den rollen die astrologisch zu erwartenden oder die prophetisch geschauten künftigen Geschehnisse unerbittlich ab. Ihm fehlen die inneren Kräfte, sie abzuwenden oder umzugestalten, umzuwandeln. Das kann sich bei dem Menschen ändern, der sein kleines Ich überwindet und nur noch aus den Regungen seines großen ICH BIN, seines wahren (göttlichen) Selbst lebt, aus dem ‹göttlichen Funken›, der nach Meister Eckehart den innersten Kern eines jeden Menschen ausmacht.

Leben ist strömende Gegenwart. Quillt es aus dem Urgrund, so ist es immer stärker als Vergangenheit und Zukunft. Dann gestaltet es die Schöpfung immer unmittelbar neu. Dann befreit sich der Mensch von aller Gebundenheit. Astrologische Belastung wird ihm zur willkommenen Gelegenheit verstärkten Willens und Reifens. Was prophetisch wie ein Fluch drohend sich erhebt, wird zum Segen werden oder sich wandeln, bzw. nicht mehr nötig sein. Es ist nichts unmöglich!

Diese Gesetze gelten für Menschen wie für Völker und die Menschheit. Wir sind Mitschöpfer, sind mitverantwortlich, ob wir es wissen und wollen oder nicht. So haben wir uns nicht zu beklagen. Wir ernten, was uns zusteht. Und dieses will uns nur zum Besten dienen. Es kann es aber nur, wenn wir uns willig den göttlichen Gesetzen einfügen und sie erfüllen. Dies gilt für Leib und Lebensart wie für Seele und Geist ...

Alle mystischen Meister wissen, was sich in drei Leitsätze fassen läßt:

1. Alles Schwere, das drohend vor uns stehen mag, wird nur geschehen, falls nicht gute Kräfte die Spannungen friedlich ausgleichen. Diese Kräfte und Wirkungen können von mancherlei Wesen ausgehen: vom Menschen auf Erden, von Wesen anderer Planeten oder von Bereichen eines Jenseits.

2. Tod und Zerstörung treffen nur den Leib, den Stoff, nicht den wahren geistigen Kern. Als geistige Wesen kann kein irdisches Geschehnis uns vernichten! Daher ruft Cayce aus: Fürchtet nicht die Mächte, die den Leib zerstören können! Lobet Gott, der beides retten kann: Leib und Seele!

3. Gottverbundene Menschen werden die genauen Zeiten und Orte schwerer Erschütterungen rechtzeitig erfahren. Sie werden von innen her geführt und haben nichts zu fürchten. Ihnen wird alles zum Segen.»

*

Wenn uns auch die Astrologie, Chiromantie, Physiognomie, Phrenologie und Graphologie weitgehend den Charakter eines Menschen enthüllen helfen und somit auch mehr oder weniger einen Einblick in das menschliche Schicksal gewähren, so dringt doch die Kabbalistik, dem Tarot entsprungen, besonders tief in dieses esoterische Wissensgebiet ein. Das Mysterium der Zahl, auf die sich jede Schöpfung fundamental aufbaut, ist ein kosmisches Gesetz. Die kosmische Schwingung in «Allem» ist Prana, auch Od genannt, das in engster Verbindung zur Zahl steht.

Bringen wir Buchstabenbegriffe und -werte in eine andere Schwingungsform, führen wir sie also auf Zahlenwerte zurück und erfassen wir dadurch deren esoterische andere Seite, ihre Qualität, so können wir mittels uralter empirischer Werte den Charakter bzw. das Karma näher bestimmen und durchleuchten. Der Lebensweg eines Menschen mit seinen unverrückbaren Marksteinen ist in seinen Zahlen aufgezeichnet bzw. programmiert. Die kurzen Strecken zwischen diesen Wegpfeilern muß er jedoch einzig und allein selbst gehen. Er hat durch seinen diesbezüglich «freien Willen» die Entscheidung zwischen «richtig» und «falsch» zu treffen, so daß eben diese Abschnitte bzw. Wegstrecken die Ursachen für sein weiteres Schicksal als Wirkungen bilden.

Zu einem bestimmten Zeitpunkt, der kosmisch bedingt ist, wirkt sich dieses Karma in und an dem noch unbewußten menschlichen Geist aus und widerspiegelt sich in Namens- und Geburtsdaten. Name und Geburtszeit sind nicht rein zufällige Daten, sondern sind dem bestimmten «Zu-Fall», der ein kosmisches Gesetz ist, zugeordnet.

*

Bevor wir zur Abrundung der in diesem Buche herangezogenen Thesen und Antithesen die Zahlenphilosophie nach Herbert Reichstein vorzustellen und auszuwerten versuchen, soll zunächst eine Entsprechungstabelle der Zahlen und Buchstaben mit kurzer Deutung als Schlüssel dienen, der zusätzliche Aspekte ermöglicht, außerdem mehr als im bisher bereits Gesagten die zweiundzwanzig Bewußtseinsstufen des Tarot erkennbar werden läßt.

DEUTUNGSKOMPENDIUM DER ZAHLEN 1–22
(nach Reichstein)

(in leichtem Gegensatz zum Deutungskompendium nach Cheiro, dem in vorliegendem Buche, auch in der Umschlaggestaltung der Vorzug gegeben wurde)

a	= 1 =	Wille, Energie
b	= 2 =	Wissen
g	= 3 =	Ehe, Gemeinschaft
d	= 4 =	Tat, Wirken
e	= 5 =	Religion
u, v, w	= 6 =	Sexus, Liebe, Versuch(ung)
z	= 7 =	Sieg
h, ch	= 8 =	Gerechtigkeit
t	= 9 =	Weisheit, Klugheit, Intuition
i, j, y	= 10 =	Wechsel des Glücks
c, k	= 11 =	Spirituale Macht
l	= 12 =	Opferung, Sühne
m	= 13 =	Transformation
n	= 14 =	Selbstzucht
x	= 15 =	Wirkungskraft, Magie
o	= 16 =	Katastrophe
f, p, ph	= 17 =	Wahrheit, Glaube, Hoffnung
sh, sch, ts, tz	= 18 =	Falschheit, Verleumdung
q	= 19 =	Glück, Freude, Freunde
r	= 20 =	Erwachen, Wiedergeburt
s	= 21 =	Erfolg, Erreichen
th	= 22 =	Mißerfolg, Illusion

*

Alphabetische Ordnung:

a	= 1		m	= 13
b	= 2		n	= 14
c	= 11		o	= 16
d	= 4		p	= 17
e	= 5		q	= 19
f	= 17		r	= 20
g	= 3		s	= 21
h	= 8		t	= 9
i, j, y	= 10		u, v, w	= 6
k	= 11		x	= 15
l	= 12		z	= 7

Ausnahmen zur Entsprechungstabelle:

Die Umlaute ä, ö, ü werden wie a, o, u behandelt; ß ist als ss und ck als kk und qu als q (19) und u (6) zu werten.

Die Umrechnung der Geburts- und Tagesdaten erfolgt durch Quersummebildung: 13. 8. 1928 = 32. Eine Ausnahme bilden die Daten 19., 28., 29., denn diese werden nicht mit 10 bzw. 11 gewertet, sondern bis zur Wurzelzahl involviert. Beispiele: 28. 5. 1919 = 26; 29. 3. 1928 = 25; 19. 7. 1810 = 18. Diese Regel gilt nur für Daten!

ERLÄUTERUNGEN ZU REICHSTEIN

Berechnet und gedeutet wird der Familienname, bei verheirateten Frauen der Mädchenname und der Vorname als «Rufname», jedoch nur so, wie er im Taufschein festgehalten und geschrieben ist. Doppelnamen wie z. B. Franz Xaver, Hermann Josef u. a. werden voll gewertet. Zusätzliche Namen und Kosenamen sind nicht zu verwenden.

Reichstein unterscheidet in der Berechnung zwischen Begriffen, Wesen und Eigennamen. Begriffe teilen sich auf in positive und negative. Positive Begriffe sind: Wille, Tat, Geist, Seele, Liebe usw. Negative Begriffe sind: Neid, Haß, Krieg, Elend usw. Beispiele für Wesenheiten sind: Vater, Mutter, Sohn, König usw. Unter Eigennamen werden die Namen lebender und historischer bzw. verstorbener Persönlichkeiten verstanden.

Ausnahmeregel: Bei der Berechnung von Begriffen ist darauf zu achten, daß positive Begriffe stets auf ihre niedrigste Potenz, also auf die mehrmals in diesem Buch angewandte Quersummenzahl, bis zur Wurzelzahl involviert, zurückzuführen sind, während negative Begriffe in ihrem Ergebnis auf ihre höhere Potenz umgerechnet werden, soweit das Ergebnis nicht schon ein solches ist.

Beispiele: Der Begriff «solidarisch» ergibt den Wert 12, was Opferung bedeutet. Da es sich hierbei um einen positiven Begriff handelt, wandeln wir 12 in die Quersummezahl um und erhalten den Wert 3. Die Zahl 3 drückt Ehe, Gemeinschaft aus, was den Begriff «solidarisch» zahlenphilosophisch sinnvoll erklärt, während die

12, in ihrer Bedeutung als «Opferung» bzw. «Sühne» bestenfalls in karmischer Sicht zutreffend sein könnte.

Bei dem negativen Begriff «Verleumdung» erhalten wir den Wert 9, welcher Weisheit ausdrückt. Wir wandeln die 9 in die nächsthöhere Potenz um, d. h. wir verdoppeln sie in die 18 und können nun den wahren zahlenphilosophischen Wert erkennen, denn 18 bedeutet Falschheit. Ergibt die Berechnung eines Begriffes bereits ein positives bzw. negatives Ergebnis im Sinne von Begriffskonformität, so ist selbstverständlich eine Umwandlung des errechneten Wertes nicht mehr vorzunehmen.

Für die Art und Weise der Berechnung von Begriffen, Wesenheiten und Eigennamen sollen folgende Beispiele dienen:

Begriff: TAT. Unter die Buchstaben werden die Zahlenwerte gesetzt, das ist 919. Wir addieren die Einzelzahlen und erhalten das Additionsergebnis 19. Von diesem ziehen wir dessen Quersumme ab, also 10 und erhalten den Wert 9. Diesen Wert 9 dividieren wir durch 9 und kommen zum gesuchten Ergebnis, dem Endwert 1. Diese 1 bedeutet Wille, Energie, und nur mit diesen Eigenschaften kann Tat wirklich realisiert werden.

Aus diesem Beispiel soll ein wichtiges Gesetz der Zahlenphilosophie erkennbar gemacht werden: Jede Zahl *minus ihrer Quersumme läßt sich durch 9 dividieren!*

Wesenheiten werden auf die gleiche Weise wie Begriffe berechnet.

Wesenheit: K I N D

11 10 14 4 addiert ergibt 39 minus Quersumme 12 = 27; 27 : 9 = 3. Die 3 bedeutet Ehe, Ge-

meinschaft. Die Wesenheit «Kind» ist Produkt einer Ehe im Normalfall und sollte auch Sinn jeder wirklichen Ehe sein.

Beispiel: Friedrich Schiller, geb. 10. 11. 1759; gest. 9. 5. 1805.

F r i e d r i c h Sch i l l e r
17 20 10 5 4 20 10 8   18 10 12 12 5 20
Quersummen sind 94   +   77   = 171.

Von der Zahl 171 ziehen wir 9 ab und erhalten = 162. 162 geteilt durch 9 ergibt 18. Wir fügen 1 hinzu und erhalten 19.

Die Berechnungsweise ist die gleiche wie bei Begriffen und Wesenheiten, mit Ausnahme der Addition der Zahl 1, die das «Ich», die Persönlichkeit ausdrückt. Das Schlußergebnis des Beispiels zu Friedrich Schiller ist somit die Zahl 19, die eine erste Deutung ermöglicht und zugleich als Karma- bzw. Schicksalszahl zu werten ist, was folgendes weiteres Gesetz nach sich zieht: *Vorname und Familienname eines Menschen ergeben das Karma des Namensträgers.*

Aufgrund der Umrechnung können wir aus dem Namen nun folgende Deutungen entnehmen: Die Zahl 19 bedeutet nach der Stichworttabelle Glück, Freude und Freunde. Es dürfte nicht unbekannt sein, daß Schiller viele Freunde hatte. Auch Glück war ihm beschieden, denn er erreichte die meisten seiner Ziele. Da aber jedes Ding zwei Seiten hat, so ist auch Glück im altruistischen Sinne zu verstehen, nämlich daß Schiller unzählige Menschen durch seine Schöpfungen beglückt hat.

Wenn wir die Zahl 19 weiter untersuchen und involvieren, ergibt sich die 10 und als Wurzelzahl die 1. Die

Zahl 10 bedeutet «Wechsel des Glücks» und die Zahl 1 «Wille, Energie». Schiller erlebte sehr wechselvolle Zeiten und hat es verstanden, mit großem Willen und vorbildlicher Energie diese Zeiten zu seinem Glück zu formen.

Sehen wir uns nun die Zahlenwerte des Namens an, so werden wir feststellen, daß manche Zahlen mehrmals vorkommen. Wir können diese ebenfalls zur Deutung heranziehen. In unserem Falle sind es die 10, 12 und 20, wobei zu bemerken ist, daß der Wirkungsgrad sich erhöht durch ein dreimaliges oder noch häufigeres Erscheinen. Die vielen positiven und negativen Wendungen im Leben Schillers, die weithin bekannt sind, haben ihn zu einem revolutionären Menschen gemacht, der keine Opfer scheute, um seiner karmischen Berufung nachzukommen, und der dadurch viele Mitmenschen einem geistigen Erwachen näherführte.

Sehr starke Charaktereinflüsse eines Menschen können wir ersehen, wenn wir die zweistelligen Zahlenwerte des Vor- und des Nachnamens involvieren, die einstelligen aber belassen. Wir haben dann für den gesamten Namen folgende Zahlenreihe:

8, 2, 1, 5, 4, 2, 1, 8 sowie 9, 1, 3, 3, 5, 2.

Wir nehmen nun die Addition der beiden Zahlenreihen vor und erhalten die Quersumme 31 für den Vornamen und 23 für den Nachnamen. Solche Summen werden immer bis zur Wurzelzahl involviert, in unserem Falle zu 4 und 5 und anschließend addiert. Das Resultat, hier 9, ist die gesuchte Zahl, die auch zweistellig ausfallen kann. Die Zahl 9 beinhaltet (siehe Wertungsskala nach Reichstein) Weisheit, Klugheit, Intuition, drei Begriffe, an denen es Schiller wahrhaftig nicht fehlte. Von großer Bedeutung ist auch, daß diese Zahl, in unserem Beispiel die 9, jeweils die Grundschwingung eines Eigennamens ist und alle Tage des Jahres, die dieser Schwingung unterliegen, für bestimmte Pläne und Zielsetzungen günstiger sind als andere. Diese Tage sind für die Zahl 9 jeder 9., 18., 27., also alle Neunertage eines Monats, wobei zweistellige Zahlen involviert werden.

Nachstehende Tabelle veranschaulicht diesen Vorgang näher und dient zugleich als Umrechnungstabelle für Geburtstags- und Tagesdaten.

1.	2.	3.	4.	5.	6.	7.	8.	9.
10.	11.	12.	13.	14.	15.	16.	17.	18.
19.	20.	21.	22.	23.	24.	25.	26.	27.
28.	29.	30.	31.					
1	2	3	4	5	6	7	8	9

Die Einzelzahlen unter der Linie sind die Ergebniszahlen für Grundschwingung und Daten bzw. Geburtstage.

KOSMISCHE EREIGNISZAHLEN

Eine weitere Möglichkeit für Deutungsergebnisse allein aus dem Namen sind die kosmischen Ereigniszahlen. Jeder Mensch hat wohl schon die Feststellung gemacht, daß Erlebnisse und Ergebnisse wiederkehren und wiederholt mit ganz bestimmten Zahlen bzw. Daten und Menschen verbunden sind. Auch geben uns diese kosmischen Ergebniszahlen Hinweise, im positiven wie im negativen Sinne, auf Strömungen, mit denen wir in unserem Leben immer konfrontiert werden.

Die Berechnung dieser Zahlen beruht bzw. basiert auf der Summe der einstelligen und involvierten Werte des Vor- und Nachnamens. Wir kennen diese Summen schon aus der Berechnung der Grundschwingung des Namens, die unserem Beispiel mit Friedrich Schiller 31 (Vorname) und 23 (Nachname) waren, resultierend aus der bekannten einstelligen Zahlenreihe. Um alle kosmischen Ergebniszahlen eines Eigennamens finden zu können, nehme man jede nur mögliche Addition der beiden Schlüsselzahlen 31 und 23 vor, wobei auch wechselseitig involviert wird, z. B. $31 + 23 = 54$; $4 + 23 = 27$; $31 + 5 = 36$; $4 + 5 = 9$.

Alle diese Ergebniszahlen können nun zur Deutung herangezogen werden: 4, 5, 9, 23, 27, 31, 36, 54. Ergeben sich Zahlen über 66, so können diese nicht mehr berücksichtigt werden, da nur für 66 Zahlenwerte eine Deutung vorliegt und zwar 3 mal 22, also je 22 für Körper, Seele und Geist, wie sich noch zeigen wird.

Einige Ergebniszahlen sollen nun in kurzer Deutung, auf unser Beispiel Friedrich Schiller bezogen, zur Anwendung kommen. Die 4 sagt aus, daß nur der tatkräftige Mensch im Leben vorwärts kommt und freie Bahn zu seiner Entwicklung schafft. Diese Zahl warnt aber auch vor einem Nachlassen solcher Bemühung. Man denke daran: Wer immer strebend sich bemüht, den können wir erlösen! Die 5 läßt den Menschen durch starken Glauben und Wunschkraft viel erreichen, denn die Kraft des Glaubens ist notwendig zum Erlangen jeglichen Ziels, besonders aber zur Verwirklichung des Menschen.

Die 23 bedeutet, daß Menschen mit dieser Schwingung im Leben stets Untersützung finden durch Höherstrebende, Vorgesetzte, Verwandte. Auch haben sie Vorteile durch Protektion und Erfolge durch geistige Tätigkeit, dazu oft große Hilfen durch Erbschaften. Die 31 weist auf die Neigung zu großer Einsamkeit hin. Diese Menschen können sich am besten in einer Ehe auf seelisch-geistigem Niveau verwirklichen. Daß diese kosmischen Einwirkungen sich an Schiller vollzogen haben, weiß jeder, der sich näher mit dieser Persönlichkeit befaßt hat. Man sollte wissen, daß die einem Menschen entsprechenden Ereigniszahlen sein ganzes Leben hindurch wirksam sind und ihn bei Beachtung warnen, helfen und zur Selbstverwirklichung erziehen. Der Schlüssel zur Deutung der Ereigniszahlen wird in einem anderen Abschnitt noch besonders zur Anwendung kommen.

In dem Sinne, wie uns der Name einer Persönlichkeit Aufschluß über seinen Charakter bzw. seine Anlagen und sein Schicksal oder Karma gibt, erhalten wir durch das Geburtsdatum ähnliche Hinweise. Im besonderen aber zeigt es die Hauptprüfungen und das schicksalsgemäße Lebensziel des Menschen in Verbindung mit seinem Namen. Zur instruktiven Ausführung bleiben wir beim Beispiel Schiller. Zunächst bilden wir die Quer-

211

summe von Schillers Geburtsdatum: 10. 11. 1759 = 1 + 0 + 1 + 1 + 1 + 7 + 5 + 9 = 25. Zur Summe des Namens Friedrich (94) und Schiller (77) = 171 addiere man 25 (Datum) = 196. Folgender Vorgang ist aus der Berechnung des Namens bereits bekannt: 196 – 16 (Quersumme) = 180 : 9 = 20+1 = 21 = Lebensziel und Hauptprüfungen.

Aus diesem Beispiel läßt sich ein neues bzw. weiteres Gesetz ableiten: *Vor- und Familienname plus Geburtsdatum eines Menschen stellen sein Lebensziel und seine Hauptprüfungen dar!*

Die Ergebniszahl bei Schiller (21) weist auf Erfolg, Erreichen hin, was bei Schiller ohne Zweifel zutrifft. Ebenso hat Schiller sein Lebensziel erreicht, denn wenn Namenszahl (171) plus Todesdatum (9. 5. 1805 = 28) wieder die Zahl des Lebenszieles ergeben (171 + 28 = 199 — 19 = 180 : 9 = 20+1 = *21),* so hat dieser Mensch seine Berufung im geistigen Sinne erfüllt. Daß aber Erfolg und das Erreichen eines Lebensziels auch eine Hauptprüfung bedingt, ist dadurch zu erklären, weil gerade im Erfolg viel Verantwortung und die Gefahr des Übermutes und Stolzes immer nahe liegt, besonders auf schöpferischen Gebieten. In diesem Zusammenhang sei als Anregung noch kurz auf die Karmazahl für weitere Prüfungen verwiesen.

Wir untersuchen zu diesem Zweck hier nur einmal das Geburtsdatum Friedrich Schillers: 10. 11. 1759 = 25. Der Hauptcharakterzug eines Menschen geht aus der Quersumme des Datums hervor, hier 25. Da die Zahlenphilosophie im Zusammenhang mit dem Tarot nur 22 Werte kennt, involviere man die Zahl 25 zu 7. Diese Zahl 7 bedeutet Sieg, vergessen wir jedoch nicht, daß es ohne Kampf keinen Sieg geben kann.

Die eigene Erfahrung hat mich gelehrt, daß auch die anderen Zahlenwerte der Geburtsdaten Schillers (1, 10, 11, 22, 4) zu ergänzenden Aspekten herangezogen werden können, wobei die noch folgende Deutungstabelle der Ereigniszahlen mitberücksichtigt werden kann. An dieser Stelle möchte ich Suchende darauf hinweisen, daß den Kombinationsmöglichkeiten keine Grenzen gesetzt sind, denn «alle Teilchen» und «Schwingungen» entspringen nur einem «Geist der Einheit».

Mit dem bisher Gesagten sind die Möglichkeiten der Berechnungsmethoden noch nicht erschöpft. Reichstein führt in seinem Lehrbuch der Kabbala weitere Methoden auf, die auf Berufs- und Ortswahl, Krankheit und Heilmittel, auf Lebensgemeinschaften und Namen von Objekten Bezug nehmen und oft sehr hilfreiche Aussagen ergeben. Einige Beispiele sollen auch diese Berechnungsarten kurz erläutern.

Herbert Reichstein sollte beruflich nach Berlin ziehen und wollte selbst wissen, ob die Stadt Berlin für seine Vorhaben auch günstig sei. Er brachte deshalb die uns schon bekannte Rechnungsart zur Anwendung: 199 (= Herbert Reichstein + Geburtsdatum) +63 (= Berlin) = 262. 262 - 10 = 252 : 9 = 28 + 1 = 29 = 11. Die Elf bedeutet spirituale Macht, was jedenfalls für einen Schriftsteller, wie Reichstein es war, positiv ist. Auch die Berufsausübung, ob Sortiments- oder Verlagsbuchhändler wurde nach obigem Schema geklärt: Sortimentsbuchhändler: =218 + 199 = 417. 417 — 12 = 405 : 9 = 45 + 1 = 46 = 10 = Wechsel des Glücks. Verlagsbuchhändler dagegen (148) ergibt nach Durchrechnung 11 = spirituale Macht. Aufgrund dieser Ergebnisse war die Wahl nicht mehr schwer.

Was nun Krankheiten betrifft, kann man mit ziemlicher Sicherheit davon ausgehen, daß solche auftreten, wenn nämlich das Resultat der Kombination von Vorname, Familienname, Geburtsdatum plus Quersumme eines bestimmten Jahres die Zahl 5, 6, 8, 10, 12, 13, 14, 15, 16, 18 und 22 ergeben. Die angegebenen Krankheitszahlen können sich jedoch maximal über einen Zeitraum von 9 Jahren auswirken, bis sich die nächsthöhere ergibt. Folgendes Beispiel soll es ermöglichen, das in Frage kommende Jahr anhand der Namenszahlen und Geburtszahlen von Paul Müller, geb. 10. 1. 1900 zu ermitteln. Die Zahlen aus Namen und Geburtsdaten ergeben in der Gesamtquersumme 116. Will Paul Müller wissen, ob beispielsweise im Jahre 1933 Krankheitsdispositionen angezeigt waren, muß er folgende Rechnung aufstellen:

116 + 16 (Quersumme von 1933) = 132 - 6 = 126 : 9 = 14 + 1 = 15. Nun addiere ich, beim Vornamen angefangen, die einzelnen Zahlenwerte, hier P = 17, A = 1, U = 6 L = 12, bis ich die Zahl 33 erfasse, denn Paul ist bei der Fragestellung 33 Jahre alt. Die Addition ergibt beim Buchstaben L den Wert 36. Ich überprüfe nun, ob mit 36 Jahren, bzw. 1936 auch noch die Zahl 15 vorherrscht, was hier der Fall ist. Daraus kann man schließen, daß ab dem 33. Lebensjahr Krankheitstendenzen da sind, sich sehr wahrscheinlich aber erst 1936 auswirken werden.

Will ich auch die Art der eventuellen Krankheit wissen, so gibt mir die Grundzahl des Namens und die Quersumme des Geburtsdatums darüber Auskunft. In diesem Beispiel trägt der Name die Zahl 14 und das Geburtsdatum die Zahl 12. Da die Zahl 14, wie aus dem noch folgenden Abschnitt über die «Entsprechungen der Tierkreiszeichen» in einer Übersichtstabelle gezeigt wird,

dem Tierkreiszeichen Stier und die Zahl 12 dem Fische-
zeichen zugehört, wird die Krankheit einer diesen Zeichen gemäßen Art sein.

In diesem Zusammenhang gibt es noch eine These, wonach Vererbungskrankheiten ihre Bestätigung im Vor-
oder Zunamen haben, wobei sich der Vorname auf die
Mutter, der Nachname auf den Vater bezieht. Diese
These schließt ebenso bestimmte Charakteranlagen ein.
Doch zu all dem bisher Gesagten sollte der Leser ein
wahres Wort in Erinnerung behalten: Die Sterne lügen
nicht; sie machen geneigt, aber sie zwingen nicht. Diese
Wahrheit gilt in entsprechender Form ebenso für die
Magie der Zahlen und Namen, denn die Bedeutung, die
ein Horoskop in der Astrologie einnimmt, nehmen der
Name und die Geburtsdaten eines Menschen in der Zah-
lenphilosophie ein.

Tierkreiszeichen, Planeten, Farben

Für die Leser, die sich mit Astrologie und mit den
Studien der Farben (siehe Prof. L. Eberhard: «Heilkräfte
der Farben — DEV) beschäftigen, sollen noch die Entsprechungen der Tierkreiszeichen, Planeten und Farben
zu den 22 Werten der Zahlenphilosophie nach Herbert
Reichsein bekanntgegeben werden. Für die Farben ist
zu beachten, daß in nachstehender «Tierkreis-, Planeten-
und Farbentabelle» zur leichteren Unterscheidung drei
verschiedene Druckschriftcharaktere verwendet werden
und zwar:

a) Farben in Fettdruck wirken anregend,
b) Farben in Kursivschrift wirken beruhigend,
c) Farben in Normalschrift wirken neutral.

215

Als Leitzahl für die einem Menschen entsprechenden Farben ist dessen Namensschwingung maßgebend. Namensschwingung ist das Produkt der Zahlen des Vornamens, bis zur Wurzel involiert, plus Ergebniszahl des Nachnamens, ebenfalls bis zur Wurzel involviert. Im Falle des Beispiels Friedrich Schiller waren es die Zahlen $4+5 = 9$. (Tabelle siehe Seite 217!)

Zahl	Tierkreiszeichen	Planet	Farben
1		Merkur	**gelb**, *lichtviolett*
2	Jungfrau		**hellgelb**, *dunkelviolett*, weiß
3	Waage		**gelb**, *blau+grün*, orange
4	Skorpion		**dunkelrot**, *grün*
5		Jupiter	**gelb**, *blau + blauviolett*
6		Venus	**gelb**, *orange + blau*
7	Schütze		**rot/rotgelb**, *purpur + blau*
8	Steinbock		**braun**, *indigoblau*, dunkelblau
9	Wassermann		**gelb**, *hellblau/lila/grün*
10		Uranus	**gelb/rot**, *weiß/Sonne*
11		Neptun	alle Farben gut, schwarz/grau
12	Fische		**purpur**, *blau*, grau/braun
13	Widder		**alle Rottöne**, *grün*
14	Stier		**gelb**, *blau/grün*
15		Saturn	**gelb**, *hellblau*
16		Mars	**rot**, *orange/violett*
17	Zwillinge		**gelb**, *hellviolett* dunkelgrün
18	Krebs		grau = beunruhigt, *grün/violett*, weiß
19	Löwe		**orange/hellgelb**, *lichtviolett*
20		Mond	**hellgelb**, *grün*
21		Sonne	**orange/gelbgrün**, *blau, dunkelgrün*
22	irdisch		schwarz/grau = beunruhigt, *grün*

Es ist weithin bekannt, daß die Zahl 22 in ihrer symbolischen Bedeutung, in Verbindung mit Tarot und Kabbala, auf zwei sehr verschiedene Arten erklärt bzw. gedeutet wird. Die eine Richtung sagt, daß der Tarot mit der 21. Karte endet, die «Unio Mystica» versinnbildlicht, und die letzte 22. Karte keine Wertaussage mehr beinhalte, der dieser irdischen Welt angehört. Diese Karte symbolisiert demnach den Gottmensch, d. h. den Menschen, in dem sich die Wiedergeburt im Geiste vollzogen hat. Die andere Richtung betont ebenfalls das Ende der Wertaussage mit der 21. Karte, wie oben, aber sie sagt, und dies scheint mir persönlich wesentlich aussagekräftiger zu sein: *Alles in Allem* (ein Wertbegriff für Gottheit oder Allgeist? — HK) – teile der 22. Karte den Wert 0 zu. Diese zweite Richtung deutet diese Karte als den irdischen Narren, den Tiermenschen, den geistig unbewußten Menschen.

Ganz bewußt möchte ich nicht in Form einer Synthese hierzu Stellung nehmen, den Leser jedoch anregen, diese 22. Karte, die auch Reichstein der Erde zuteilt, dem Planeten Pluto zuzuordnen. Meditiert man über das Pluto-Symbol, bei welchem Sonne und Mond harmonisch vereint sind, so wird sich jedem auf seine Weise die Wahrheit der 22. Karte enthüllen. Außerdem ist es wohl ein logischer Schluß, wenn man davon ausgeht, daß «Ende» (also die letzte Zahl der Tarotreihe mit 22) Ausgangspunkt eines jeden geistunbewußten Menschen für den «Anfang», nämlich die Stufenleiter der 21 Bewußtseinsgrade oder «Übergang bzw. Durchgang» zur ersten Bewußtseinsstufe ist. Ende ist Tod mit Übergang und Durchgang zur ersten Stufe des Lebens.

Wer Neuland betritt, kann nur erleben und gewinnen, was seine innere Reife ihm aufzunehmen gestattet.

Wer offen ist und wissenschaftlich denkt, wer Forschergeist in sich trägt, der läßt an der Grenze zu unbekannten Reichen seine vorgefaßten Meinungen und Vorurteile zurück oder ist bereit, sie jederzeit aufzugeben, wenn neue Erfahrungen sie widerlegen. Gerade das Ungewohnte, bisher Ungedachte wird ihn am meisten fesseln und anregen. Nur der Mittelmäßige, der Festgefahrene schließt sich selbst vom Reichtum des Erlebens und steten Wachsens aus durch jedem hinlänglich bekannte Redensarten, wie z. B. «Das ist mir neu! Das kenne ich nicht, daher lehne ich es ab!»

«Wer einen Verfasser, ein Buch mit ungewohnten Ansichten und Behauptungen auf seinen Wahrheitsgehalt prüfen will, der halte sich zuerst an die Gebiete, die ihm vertraut sind», sagte Werner Zimmermann einmal, dem ich selbst die ersten Anregungen auf dem Gebiet der «Logik von Zahl und Zeit» zu verdanken habe. Auf Gebieten, die einem Suchenden bekannt sind, kann er am ehesten beurteilen, ob der Verfasser, sei es ein Mann oder eine Frau, etwas versteht. Der Erzieher, der Psychologe, der Philosoph, der Theologe, der Künstler, der Techniker, der Historiker, der Mathematiker, der Volkswirt, der Politiker, sie alle finden sowohl bei Brown-Landone, bei Reichstein, bei Pythagoras und Cheiro, die allesamt Thesen und Antithesen zu Werken verarbeitet haben, die in diesem Buch zum Versuch einer Synthese gemacht worden sind, Darstellungen aus ihren Sondergebieten, die sie beeindrucken müssen. Diese allein, ihren Geist und ihr Wesen, nicht geringfügige Einzelheiten und kleine scheinbare Widersprüche, haben sie zum Kern ihrer ersten Beurteilung zu machen.

Ergibt sich auf vertrautem Gebiet das Empfinden, der Verfasser verfüge dort über Erfahrung und Einsicht, wie es unzweifelhaft bei allen Thesen-Lieferanten dieses Buches der Fall ist, so wird man sich in Wissensbereichen, die einem bisher fern lagen, hüten müssen, voreilig zu urteilen und spöttisch abzulehnen. Werden Beweise vorgelegt, die sich nachprüfen lassen, so wird der ernsthafte Forscher auch den Mut haben, daraus die vernünftigen Schlüsse zu ziehen und sie seiner Erfahrung und seinem Wissen einordnen.

DEUTUNGSKOMPENDIUM DER WERTE 1–11

Nachstehend werden zunächst die Werte 1–11 und in einem gesonderten Abschnitt die Werte 12—22 in ihrer allgemeinen und karmischen Bedeutung sowohl als auch inbezug auf Charakter bzw. Lebensziel erläutert, und zwar in einer konzentrierten Wiedergabe der Texte aus dem Lehrbuch der Kabbala von Herbert Reichstein, die jedoch jedem Suchenden eine ausreichende Hilfe sein werden.

1 = a = Wille: Wille bedeutet zahlenphilosophisch Tat, Verwirklichung, d. h. der Wille zieht immer eine Tat bzw. eine Verwirklichung in irgendeiner Form nach sich. Die Zahl 1 ist ganz selbstverständlich mit dem Willen verbunden, denn ohne Wille könnte keinerlei Schöpfung ihren Anfang nehmen.

Positive Aspekte: Wille, Energie, Tatkraft, Lebenskraft, Geschicklichkeit, Begeisterungsfähigkeit, Mut, Geistesgegenwart, Ruhe.

Negative Aspekte: Willenlosigkeit, Mutlosigkeit, Feigheit, Unvermögen, Ungeschicklichkeit, Unbeherrschtheit, Unruhe.

Karmische Bedeutung: Menschen mit der Karmazahl 1 haben einen besonders stark ausgeprägten Willen, auch wenn dieser manchmal noch latent in ihnen ist. Ausgesprochene Mißerfolge sind diesen Menschen besonders dann beschieden, wenn sie ihre Talente, ihre Willenskräfte nicht einsetzen und erproben. Die Devise dieser Menschen sollte immer sein: «Ich will! Ich kann!»

Charakterdeutung: Die 1 entspricht dem Planeten Merkur und den Merkmalen Verstand, Intellekt, geistige

221

Gewandtheit. Menschen mit der Zahl 1 sollten ihre Kräfte nicht nur der Materie, sondern insbesondere der Vergeistigung der Materie zuwenden, den geistigen Aufstieg zum göttlichen Licht verwirklichen. Als überdurchschnittliche Charakteranlagen sind zu nennen: Gewandtheit in Schrift und Sprache, Neigung zu Wissenschaften, die Konzentration und viel Denkarbeit erfordern, Sprachbegabung, Fleiß, schnelles Handeln, Erkenntnisfähigkeit und Unkompliziertheit.

2 = b = Wissen: Wissen bedeutet zahlenphilosophisch Sieg, nämlich Sieg über das Verborgene und den Unwissenden. Wissen und Wissenschaft entsprechen schöpferischem Denken und bringen geistige Macht mit sich. Unterschieden werden sollte jedoch beim Begriff Wissenschaft zwischen intellektueller und spiritueller Wissenschaft.

Positive Aspekte: Geist, Intuition, Intellekt, Kultur, Urkult, Fortschritt.

Negative Aspekte: Zersplitterung, Zwist, Hemmungen und nörgelnde Kritik.

Karmische Bedeutung: Menschen mit der Zahl 2 besitzen eine starke intellektuelle Gabe, alles Wissen des Lebens leicht zu erfassen und an die entsprechenden Bewußtseinsstufen der Menschen weiterzugeben. Eingleisigkeit und Erstarren im Dogma sind manchmal vorhanden.

Charakterdeutung: Die Zahl 2 entspricht dem Zeichen Jungfrau (symbolisch verborgene Weisheit). Jungfraubeeinflußte sind die Diener der Menschheit, was sie auch als ihre höhere Aufgabe erkennen sollten. Sie analysieren gern und üben Kritik in offener Form. Methodisches, exaktes Arbeiten ist ihre Stärke. Manchmal artet jedoch Methodik in Pedanterie aus. Leichte Auffassungsgabe, auch für Hellsehen und Hellfühlen. Im Willen fest und stark, jedoch durch Logik belehrbar. Besonders negative Eigenschaften sind: Egoismus, Hypochondrie und Unterwürfigkeit. An dieser Stelle soll betont sein, daß es nur höchst selten einen reinen Typus gibt, sondern meist nur Mischungen, die mehr oder weniger positive bzw. negative Eigenschaften zum Ausdruck bringen.

$3 = g = Ehe$, *Gemeinschaft:* Zahlenphilosophisch bedeutet Gemeinschaft «Weisheit, Klugheit», d. h. es ist ein weiser und kluger Entschluß, im Rahmen von Lebensgemeinschaften sich zu entwickeln und tätig zu sein. Nur der Mensch kann seiner kosmischen Aufgabe gerecht werden, der sich entsprechend seiner Anlagen in die Gemeinschaft einordnet und so der Evolution dient. Eine Ehe ist nur dann wahrhaftig und gipfelt im höchsten Glück, wenn Körper, Seele und Geist harmonisch zusammenschwingen.

Positive Aspekte: Ehe-Gemeinschaft, höhere Liebe, Aktivität, Arbeitswille, Fleiß, Streben zum Licht, Altruismus.

Negative Aspekte: Veränderlichkeit, Launen, Ruhelosigkeit, Einzelgänger.

Karmische Bedeutung: Menschen mit der Zahl 3 sind, karmisch gesehen, bestimmt zu heiraten, weil sie sich durch eine wirkliche Ehe, d. h. durch Partner und Kind entwickeln können.

Charakterdeutung: Die Zahl 3 gehört dem Zeichen der Waage an, und dies bedeutet: Inneres Gleichgewicht. Rein tierische und menschliche Eigenschaften sind weitgehend ausgeglichen. Waagebeeinflußte Menschen sind sehr familiär veranlagt und gefühlvoll. Sie unterscheiden leicht Gut von Schlecht. Sie haben Sinn für die Kunst. Die Öffentlichkeit und das Ausland spielen in ihrem Leben eine größere Rolle. Energie und Tätigkeitsdrang sind nicht sehr stark. Ihr Schicksalsweg ist meist sehr von anderen abhängig und beeinflußt. Ihre schwache Seite ist Unentschlossenheit und Oberflächlichkeit.

$4 = d = Tat:$ Tat bedeutet Wille, d. h. ohne Willen ist keine Tat möglich. Die Tat strebt immer die Verwirklichung einer Idee an. Tat erfordert Spannkraft; nur wer tätig ist, rostet nicht. Jedermann sollte versuchen, körperliche und geistige Taten in einer Waage zu halten, d. h. der körperlich Arbeitende tut gut daran, sich in seiner Freizeit geistig zu beschäftigen, während der geistig Schaffende zum Ausgleich körperliche Betätigung nicht vergessen sollte.

Positive Aspekte: Verwirklichungs-, Durchsetzungs- und Arbeitskraft, Diplomatie, Kampfnatur.

Negative Aspekte: Falsche Höflichkeit, Sarkasmus, Ehrfurcht, Intrigen-Neigung.

Karmische Bedeutung: Menschen mit der Zahl 4 haben die Aufgabe, sich durch Taten zu entwickeln, um sich schließlich zu verwirklichen. Tun sie das nicht und ist ihre Lebensanschauung profan, so wird das Schicksal sie durch harte Schläge auf den Weg lenken. Wer aus der Vergangenheit nicht lernen will, wird durch die Zukunft belehrt und oft bestraft.

Charakterdeutung: Die Zahl 4 entspricht dem Zeichen Skorpion, der sowohl den Adler als auch die Schlange symbolisiert. Dementsprechend sind auch die Charakteranlagen dieser Menschen. Im guten Sinne haben sie starke Veranlagung zu Intuition und Hellsichtigkeit. Häufig sind auch mystische Interessen vorhanden.

Der Wille ist zwar stark, aber nicht ausdauernd. Menschen mit der Zahl 4 sind verschlossen, gedankentief, ehrenhaft und gerecht, aber auch neugierig.

$5 = e = Religion:$ Religion bedeutet Weisheit, die nur aus dem Göttlichen entspringt und wiederum zum Göttlichen zurückführt. Religion ist eine natürliche Blüte der Seele. Wahre Religion setzt aber auch einen starken Glauben an das Göttliche und an uns selbst voraus, denn Gott ist in uns und wir sind in ihm. Die Glaubenskraft eines Menschen steht in sehr engem Zusammenhang mit seinem Charakter. Religion, verbunden mit einem starken Glauben, ist der Weg zur Religio, während Konfession eine in Dogmen erstarrte Scheinreligion ist, wie sich in aller Welt deutlich zeigt .

Positive Aspekte: Gottverehrung, Offenheit, Güte, Verantwortungsgefühl.

Negative Aspekte: Atheismus, verantwortungsloses Handeln und häufig Taktlosigkeit.

Karmische Bedeutung: Menschen mit der Zahl 5 als Karmazahl besitzen die Kraft des Geistes, über alle Schicksalsschläge hinwegzukommen. Ferner ist ihnen eine große Wunschkraft zu eigen, die im Leben immer wieder zu Erfolgen führt. Bei solchen Menschen tritt häufig der frühe Tod eines Elternteils oder auch beider Eltern ein.

Charakterdeutung: Die Zahl 5 entspricht dem Planeten Jupiter, der die Kombination von Gefühl und Denken und ein Medium zwischen Schöpfer und Schöpfung ist. Der positive Jupitercharakter bedingt eine stark religiöse Weltanschauung, ehrliche Gesinnung, literarische und technische Fähigkeiten und auch eine gute Rednergabe. Die negative Beeinflussung drückt sich durch Heuchelei, Herrschsucht und Maßlosigkeit aus.

$6 = u, v, w = Sexus$: Nur wenn zwei Menschen sich seelisch und geistig zueinander hingezogen fühlen, ist auch die sexuelle Liebe, der Austausch von Odkräften, das Ergänzen der Pole zur Polarität, ein edler, hoher und göttlicher Akt. Das Geschlechtsleben zweier Menschen läuft parallel zu deren Charakterentwicklung und bringt bei entsprechender ethischer Einstellung Beglükkung, Harmonie, Lebenslust und Schöpferdrang mit sich. Wer aber nur im Rot der Extase aufgeht und versinkt, verkauft sich an eine dämonische Welt, die innere Leere, Unzufriedenheit und seelische Erkrankungen mit sich bringt. (Siehe Paul Linke, «Seelische Erkrankungen» Was sie sind — Wie sie entstehen — Wege, die zur Heilung führen, 64 Seiten, Drei-Eichen-Verlag, CH-6390 Engelberg + D-8000 München 60).

Positive Aspekte: Zeugungskraft, edle Erotik, schöpferische Kraft.

Negative Aspekte: Sinnengier, Exzesse, Verführungssucht, Abhängigkeiten aller Art.

Karmische Bedeutung: Menschen mit der Karmazahl 6 werden vom Schicksal her mit übermäßig vielen Versuchungen konfrontiert, die nicht nur sexueller Art sind, sondern auch andere Dinge des Lebens betreffen. Soweit sie diese erkennen können, sollten sie unbedingt widerstehen. Sie sollten nie vergessen, daß die Wurzel der Versuchung immer in den Gedanken liegt. Wer sich schlechten, niederen Gedanken hingibt, wird unweigerlich das Opfer derselben.

Charakterdeutung: Die Zahl 6 entspricht dem Planeten Venus, der mit Bezug auf Liebe und Kunst die Empfindungen und das Gefühl regiert. Venusbeeinflußte zeichnen sich durch ideales Denken, Kunstinteresse, Heiterkeit, Friedfertigkeit und Häuslichkeit aus. Sie besitzen einen eigenen starken Magnetismus. Negative Eigenschaften von venusbeeinflußten Menschen äußern sich meistens in einer Abschwächung der positiven Eigenschaften. Extreme sind Maßlosigkeit in jedem Genuß.

7 = z = Sieg: Jeder Sieg bedingt «Aktivität und Kampf». Ein Sieg ist die Krone erfolgreich beendeten Kampfes. Der größte Sieg, den ein Mensch erringen kann, ist der Sieg über sich selbst, ist die Selbstüberwindung. Der Weg zum Sieg ist daher der Weg zur charaktervollen Persönlichkeit, die stets ein Ziel vor Augen hat und keinem Kampfe aus dem Wege geht oder einen solchen aufgibt.

Positive Aspekte: Sieghafte Kampfkraft, Zielsicherheit und Lehrfähigkeit.

Negative Aspekte: Zerstörungssucht, Egoismus, Enthusiasmus und Fanatismus.

Karmische Bedeutung: Die Zahl 7 spendet dem Träger eine wunderbare Energie und Aktivität, mit denen er im Leben viel erreichen kann. Aber er sollte dank dieser Kraft «das Tier in sich» besiegen. Geschieht das nicht und leben diese Menschen nur für materielle Erfolge, so werden diese «Scheinerfolge» die Ursache zu zukünftigen Mißerfolgen sein. Die an den Sieg glauben, denen ist er gewiß.

Charakterdeutung: Die Zahl 7 entspricht dem Zeichen Schütze, das den Übergang des Bewußtseins aus einem Zustand in einen anderen darstellt, die Umwandlung zum Höheren. Positive Schützebeeinflußte sind im Charakter unbestechlich, ehrenhaft, mildtätig, edelden-

227

kend und mitteilungsbedürftig. Sie kämpfen für eigene Ideen und die ihrer Mitmenschen, wenn sie ihnen gut erscheinen. Im Ausdruck stark und originell, sind sie dennoch empfindungsfähig. Sie legen viel Wert auf Unabhängigkeit und hegen meistens große Neigung zu Philosophie, Spiritualismus, Wissenschaft und Forschung. Im unguten Sinne sind sie Spieler, Hasardeure, Anarchisten mit verbrecherischen Neigungen.

8 = h, ch = Gerechtigkeit: Gerechtigkeit bedeutet auch Weisheit, denn wer gerecht handelt, tut weise. Die Begriffe Harmonie und Gerechtigkeit sind zahlenphilosophisch gleichwertig, d. h. ein Mensch, der in sich nicht harmonisch ist, kann auch keine Gerechtigkeit üben. Disharmonie ist Ungerechtigkeit der Umwelt und uns selbst gegenüber. Disharmonie und Ungerechtigkeit gebären die Hölle in den Menschen, denn «die Hölle» ist als Aspekt der Seele nicht irgendwo im sogenannten Jenseits zu suchen. Der andere Aspekt der Seele ist «der Himmel», der aus wahrer Harmonie und Gerechtigkeit erblüht und gestaltet wird.

Positive Aspekte: Weisheit, Gesundheit, Frieden, Harmonie.

Negative Aspekte: Dummheit, Schmerz, Krankheit, Neid und Verdrossenheit.

Karmische Bedeutung: Das Ziel der Menschen mit der Karmazahl 8 weist auf das Schaffen körperlichen, seelischen und geistigen Gleichgewichts hin, da die Träger der Zahl 8 in besonderem Maße dem Gesetz von Ursache und Wirkung unterliegen und von diesem heimgesucht werden. Solche Menschen sind aufgerufen, stets gerecht zu denken und zu handeln, um durch ihre Gerechtigkeit zur höchsten Harmonie der Dreiheit «Körper-Seele-Geist» zu gelangen.

Charakterdeutung: Die Zahl 8 ist dem Zeichen Steinbock zugehörig. Im Steinbock erreicht die Materie ihre höchste Verdichtung, um anschließend den Durchbruch des Geistes zu ermöglichen. Prädikate von Steinbockmenschen sind: Ehrgeiz, Vorwärtsstreben unter harter Arbeit, mit viel Fleiß und Ausdauer. Im Temperament sind sie kraftvoll und lebhaft, nachdenklich, willensfest, zeitweise melancholisch und im Denken mißtrauisch. Ihre Zuneigungen sind sehr wechselvoll. Sie erleben häufig mehrere Ehen. Unter den negativen Typen finden sich rachsüchtige, tyrannische, unbeherrschte Menschen und zuweilen auch Schwarzmagier.

9 = t = Weisheit: Aufgrund der Zahl 7 bedeutet Weisheit «Sieg», denn der Weise hat die Gesetze des Lebens erkannt und besiegt. Er ist sich selbst zum Gesetz geworden. Weisheit ist gelebtes Wissen ohne Grenzen. Weisheit ist nicht mit Intellekt gleichzusetzen. Sie kommt aus dem Zentrum des Menschen, dem spirituellen Herzen. Der wahrhaft Weise denkt mit dem Herzen. Bei ihm sind die Lichter umgestellt. Nicht mehr der Mond, sondern die Sonne strahlt aus ihm.

Positive Aspekte: Selbsterkenntnis, Lebensphilosophie und Wahrheitsliebe.

Negative Aspekte: Kritikaster, Sarkasmus, Dummheit und Engherzigkeit.

Karmische Bedeutung: Bei Menschen mit der Karmazahl 9 ist in besonderem Maße die Anlage zu erkennen, die Weisheit des göttlichen Geistes in sich aufzunehmen. Sie dürfen aber dieses Geistesgut nicht für sich allein behalten oder gar versuchen, im materiellen Sinne daraus

Kapital zu schlagen. Die Folge würde das Erlöschen dieses Feuers sein, denn das Kennzeichen des Feuers der Weisheit ist Altruismus, der sich dem Göttlichen für die Welt opfert.

Charakterdeutung: Die Zahl 9 entspricht dem Zeichen Wassermann. Hier gießt symbolisch «der Mensch» geistiges Wasser auf die Welt aus. Wassermannbeeinflußte haben eine starke Neigung zur Einsamkeit und nur wenige Freunde, aber tiefe Freundschaften. In der Liebe sind sie stark. Sie haben große Neigung zu Geheimwissenschaften. Sie besitzen gute Menschenkenntnis, handeln jedoch oft gegen diese Erkenntnisse. Sie leben ihr eigenes Leben und kümmern sich wenig um die Kritik der Umwelt. So rasch, wie sie eine Sache aufnehmen, lassen sie diese wieder fallen. Negativ Beeinflußte sind Schmarotzer, Intriganten und Illusionisten.

10 = i, j, y = Wechsel des Glücks: Zahlenphilosophisch muß hier die positive Seite «Sieg» und die negative «Katastrophe» beachtet werden. Der Lauf des Lebens gleicht den Wellen mit ihren Höhen und Tiefen, mit ihren Siegen und Niederlagen. Das Rad des Lebens hat vier Speichen, d. h. symbolisch: Wissen, Wollen, Wagen, Schweigen. Das Schicksal des Menschen wird sich immer so gestalten, wie er dieses Rad dreht und welche Speichen er erfaßt.

Positive Aspekte: Beständigkeit, Willensstärke, Besonnenheit und Ruhe.

Negative Aspekte: Steter Einfluß des Bösen neben dem Guten, Neigung zu Schwäche.

Karmische Bedeutung: Menschen mit der Zahl 10 sind einem sehr wechselvollen Schicksal unterworfen. Sie bekommen das Spiel der Wellen stark zu spüren. Wollen sie diesem Auf und Ab entgehen, so müssen sie die Speichen des Lebensrades fest umklammern und es nach rechts, also nach oben drehen, um mit Wissen, Wollen, Wagen und Schweigen ihr Karma zu meistern. Jede Linksdrehung wäre Nichtwissen und Schwäche.

Charakterdeutung: Die Zahl 10 ist mit Uranus, dem Planeten der Berufung, der Erleuchtung im Denken, Fühlen und Handeln verbunden. Uranusbeeinflußte können starke, hellseherische Fähigkeiten entwickeln. Ihre Ideen sind zukunftsweisend. Vergangenheit und Konvention binden sie nicht. Ihre Lebensauffassung ist überwiegend esoterisch. Sie sind stolz, entschlossen, selbständig und scheuen keine Mühen, um reformerisch zu wirken. Schlecht bestrahlt sind sie Anarchisten aus Überzeugung. Ihre Handlungen sind unüberlegt und impulsiv.

11 = c, k = Spirituale Macht: Aufgrund der Zahl 15 bedeutet spirituale Macht «Magie», welche eine Macht, eine geistige Kraft darstellt, die besondere und gezielte Wirkungen hervorruft. Wir unterscheiden hier zwischen weißer Magie (der Liebe) und schwarzer Magie (des Hasses und der Vernichtung). Die magische Kraft der höheren Schwingungen macht den Träger unverwundbar, und als Weißmagier wird er immer den Willen des Höchsten zu verwirklichen trachten. Magische Kraft ist ein geistiges Geschenk, das dem Menschen durch sein Widerstreben in Versuchungen zuteil wird.

Positive Aspekte: Phantasiebegabung, Inspiration, Intuition und Selbstlosigkeit.

Negative Aspekte: Spiritismus, Asketentum, geistige Zerrissenheit.

Karmische Bedeutung: Spirituale Macht ist die höchste Kraft, die einem Menschen eigen sein kann. Sie macht ihn deshalb im größten Maße verantwortlich für seine Gedanken und Handlungen. Dank dieser Macht, die gepaart ist mit hellseherischen und hellfühlenden Fähigkeiten, sind solche Menschen in der Lage, positiv auf ihre Umwelt einzuwirken. Tun sie das im Einklang mit dem höchsten Willen, so werden sie ihrer Berufung gerecht; im Gegenteil erwartet sie ein verheerendes Schicksal.

Charakterdeutung: Der Planet Neptun korrespondiert mit der Zahl 11 und verbindet den Menschen mit dem Gott in sich. Gut Neptunbeeinflußte sind für die geistigen Schönheiten allen Lebens aufgeschlossen. Attribute davon sind nicht selten mediale Fähigkeiten und ein mystisches Sehen und Erkennen. Charaktereigenschaften, die zum Teil von der Erbmasse herrühren, sind beim Mann normalerweise auf den geistigen Einfluß der Mutter zurückzuführen mit Bezug auf Intuition und Verstand. Für körperliche Konstitution, für Willen und Logik ist der Vater mitbestimmend.

DEUTUNGSKOMPENDIUM DER WERTE 12—22

12 = 1 = Opferung, Sühne: Opferung drückt durch
die Zahl 9 Weisheit aus, denn jedes bewußte und selbst-
lose Opfer ist ein weises Werk. Sühne bedeutet durch die
Zahl 4 «Tat, Verwirklichung». Das größte Opfer bringt
derjenige, der den göttlichen Idealen, der Vergeistigung
der Materie, sein irdisches Leben hingibt. Dieser Tod und
Verzicht ist geistiger Adel. Ein Opfer, dem seelische
Quälerei oder Spekulation vorausgeht, ist kein Opfer.
Ebenso verhält es sich mit der Sühne, die nur wertvoll
sein kann als kraftvolle und schuldbewußte Tat.

Positive Aspekte: Selbstlosigkeit, Aufopferung, Ent-
sagung und Hingabe.

Negative Aspekte: Utopien, falscher Enthusiasmus,
Hypochonder an der Seele.

Karmische Bedeutung: Menschen mit der Zahl 12 haben die Aufgabe im Leben, sich der Familie, den Mitmenschen oder einer Idee zu opfern. Wer das nicht zu
tun vermag, wird so lange durch Schicksalsschläge süh-
nen müssen, bis er seine Aufgabe erfüllt. Da die Wurzel
der Zahl 12 «Ehe» bedeutet, wird eine Ehe das besondere Prüfungsfeld sein. Geben ist Empfangen, Sich-Opfern
ist Sich-selbst-finden.

Charakterdeutung: Die Zahl 12 entspricht dem Zeichen Fische, dem Symbol der Selbstaufopferung, denn
nur wer sein «persönliches ich» aufgibt, erlebt die Auf-
erstehung im Geiste. Positiv Beeinflußte haben eine große Liebe zu ihren Mitmenschen und scheuen keine Opfer. Die rechte Hand gibt, ohne daß die linke es weiß.
Menschen mit dieser Zahl sind sehr sensitiv und empfänglich, im Willen oft schwankend, in der Liebe zu

Eifersucht geneigt, die aber mehr seelisch-geistiger Art ist. Im negativen Sinne sind sie ängstlich, arbeitsscheu, launisch, energielos, unentschlossen, degeneriert und oft medial besessen.

$13 = m = Transformation:$ Zur Transformation gehören zahlenphilosophisch die Zahlen 19 (Glück), 10 (Wechsel des Glücks) und 1 (Wille) als ständige Begleiter der Umwandlung und des glücklichen Endes der Transformation in der 19. Bewußtseinsstufe, in der ich und Du verschmelzen zur Polarität-Einheit. Unser Leben ist eine ständige Wandlung im Sinne täglich neugewonnener Erkenntnisse, aber es gilt, diese Erkenntnisse zu leben, denn nur dies gewährleistet eine geistige Entwicklung.

Positive Aspekte: Freiheit, Vergeistigung, Entmaterialisierung und Fortschritt.

Negative Aspekte: Stillstand, Rückschritt, Dogmatik und Entstellungssucht.

Karmische Bedeutung: Menschen mit der Karmazahl 13 sind vom Geist des Lebens aufgerufen, sich von einem materiellen, profanen Menschen in einen seelisch-geistigen umzuwandeln. Auf alle Entwicklung und Wandlung folgt zuletzt immer der Tod, der wiederum selbst der größte Wandler ist. Er ist somit Ende und Anfang zugleich, denn «das Leben» stirbt nicht, sondern es vollziehen sich durch den Tod nur Bewußtseinsveränderungen. Der Tod hat zwei Gesichter: Das eine ist der mystische Tod, der im körperlichen Leben bewußt erlebt wird und dessen Frucht die Wiedergeburt aus Wasser und Geist ist; das andere Gesicht ist der irdisch unbewußte Tod, der als Folge das Geistunbewußtsein nach sich zieht.

Charakterdeutung: Das Zeichen Widder entspricht der Zahl 13 und bedeutet «Kraft und Feuer», aber auch Chaos durch Impulsivität. Positiv Beeinflußte sind Führernaturen mit großem Selbstvertrauen und Selbstbewußtsein, sodaß sie alle Hindernisse im Leben leicht überwinden und auch ihre Mitmenschen auf ihrem geistigen Weg mitreißen. Zuviel Selbstbewußtsein zeitigt jedoch auch Mißerfolge, wovor sie sich hüten müssen. Großer Mut, Begeisterungsfähigkeit, Idealismus und Fortschrittlichkeit zeichnen sie aus. Ihr Temperament ist sprunghaft, und ihre Meinungen sind nicht immer feststehend. Das Verhältnis mit einem Elternteil und den Geschwistern ist häufig getrübt. Negativ beeinflußt sind sie heftig, streitsüchtig und leidenschaftlich und haben Mangel an Menschenkenntnis.

$14 = n = $ *Selbstzucht:* Aufgrund der Zahl 12 bedeutet Selbstzucht in der negativen Auslegung «Opferung» und in der positiven «Kampf», d. h. Selbstzucht ohne Opfer und Kampf sind nicht möglich. Demut, Feigheit und ständiges Nachgeben haben nichts mit Selbstzucht gemeinsam, denn die Frucht der Selbstzucht ist inneres Wachstum als Sieg, während die anderen Eigenschaften Schwäche und Niederlage nach sich ziehen. Bevor der Mensch sich veranlaßt fühlt, Selbstzucht zu üben, sind fast immer große Enttäuschungen oder seelische Erschütterungen vorausgegangen.

Positive Aspekte: Beherrschung, Überwindung, Einschränkung und Mäßigkeit.

Negative Aspekte: Demut, Selbstverleugnung, Affekthandlungen, Passivität und Faulheit.

Karmische Bedeutung: Menschen mit der Karmazahl 14 müssen in hohem Maße an sich arbeiten, sich beherrschen und überwinden lernen. Wer sich nicht selbst erzieht und überwindet, der wird erzogen und überwunden. Ängstlichkeit und Voreiligkeit und Pessimismus sind Bremsen in Bezug auf Selbstzucht. Allein Geduld, Ausdauer und eine klare Zielvorstellung führen zum Erfolg.

Charakterdeutung: Die Zahl 14 entspricht dem Zeichen Stier, das mit physischer Stärke, mit Konzentration und verhaltener Kraft verbunden ist. Positiv Stierbeeinflußte sind beharrlich, verschwiegen, zurückhaltend furchtlos, großmütig, freigebig, aber auch dogmatisch und konservativ. In finanziellen Angelegenheiten sind sie sehr gewandt, im Reden umständlich und weitschweifig und begründen alles bis ins letzte. Negativ beeinflußt sind sie wütend, heftig, unbeherrscht, rachsüchtig und träge.

15 = x = Wirkungskraft: Zahlenphilosophisch gesehen bedeutet Wirkungskraft «Magie», eine bewußt oder unbewußt aus uns wirkende Strahlungskraft. Jede Tat ist letztlich magisch beeinflußt und begründet. Wer sich dieser Strahlungskraft voll bewußt ist und die Elemente beherrscht, trägt eine überaus große Verantwortung in seinen Handlungen. Wenn solche Menschen nicht ausschließlich selbstlos handeln, verfallen sie unweigerlich dem Gesetz der Zerstörung ihrer Seelepersönlichkeit. Magie hat nichts mit Okkultismus zu tun, sondern ist die Wirkung angewandten Wissens und die weise Handhabung gewonnener Erkenntnisse seelisch-geistiger Natur.

Positive Aspekte: Weißmagier, Güte, Liebe, bewußtes Dienen in geistiger Beziehung.

Negative Aspekte: Schwarzmagier, niedere Leidenschaften und Ausbeutung der Mitmenschen.

Karmische Bedeutung: Menschen mit der Karmazahl 15 besitzen starke magische und magnetische Kräfte, die sie im guten Sinne helfend und aufbauend für ihre Mitmenschen einsetzen sollten. Magie ist ein geistiger Bumerang, der das zurückbringt, womit er geworfen wurde, Aufstieg oder Fall. Wahre und weiße Magie wirkt stets in der Stille.

Charakterdeutung: Die Zahl 15 entspricht dem Planeten Saturn, der Erkenntnis durch Leiden. Wenn auch alles Leid negativ erscheint, so ist es dennoch die Kraft, die durch das Übel wirkt und stets das Gute schafft. Im Positiven sind solche Menschen ausdauernd, ehrfürchtig, opferwillig, bescheiden, hartnäckig und tugendhaft. Durch eine klare Lebensführung bringen sie es zur Erkenntnis der höchsten Lebensmysterien. Sie arbeiten methodisch und systematisch mit großer Sorgfalt und großem Pflichtbewußtsein. Im Kampf sind sie hart, denn sie lieben Wahrheit und Klarheit. Negativ beeinflußt sind sie unzuverlässig, schwach, degenerativ und zersetzend, listig und unbeständig in Liebe und Freundschaft.

16 = o = Katastrophen: Aufgrund der Zahl 13 ist die Bedeutung die der «Wandlung». Jeder Schicksalsschlag löst eine innere und äußere Wandlung aus. Nur durch viel Schatten gelangt der Mensch zu Licht, und wo viel Schatten ist, ist auch viel Licht. Wirft aber einmal das Licht keinen Schatten mehr, dann ist der vollkommene Sieg errungen. Die dunklen Nächte im Leben eines Menschen sind allein die Ursache zum Freiwerden höchster seelischer und geistiger Kräfte. Die Zeitspanne der Dunkelheit hängt immer von uns selbst ab, denn Licht wird es erst, wenn man das Dunkel als Licht erkennt. Positive oder negative Aspekte bleiben hier unerwähnt.

Karmische Bedeutung: Der Lebenslauf von Menschen mit der Karmazahl 16 ist überdurchschnittlich von Verlusten, Krankheiten und anderen katastrophalen Ereignissen gekennzeichnet. Diese Schläge wirken sich nicht nur direkt, sondern auch indirekt auf den Träger dieser Zahl aus, d. h. er ist mehr oder weniger am Leid anderer beteiligt. Karmisch gesehen will der Schmerz und das Leid dieser Menschen sie anregen, über die Ursachen dieses Erleidens nachzudenken und letztlich zu erkennen, daß jeder selbst seines Leides und seines Glückes Schmied ist. In der Zahl 16 ist aber auch die 7 als Quersumme verborgen, was «Sieg» bedeutet. Der Leitfaden solcher Menschen sollte daher sein: Deine Liebe sei ohne Grenzen, dein Wille heldenmütig, deine Hingabe ohne Wanken!

Charakterdeutung: Mars, der Planet der Tätigkeit, der Anregung, des Willens und der Leidenschaft, stimmt mit der Zahl 16 überein. Guter Gestirneinfluß bringt starke Gesundheit, körperliche Ausdauer, Freiheitsdrang, Selbstvertrauen, Mut, große Energie und Arbeitskraft mit sich. Scharfsinn und gute Beobachtungsgabe sind diesen Menschen zu eigen. Unter ihnen findet man nicht selten religiöse Sucher. Negativ bestrahlt sind sie jähzornig, widerspenstig, boshaft, prahlerisch, grausam, hartnäckig, pervers bis sadistisch.

17 = f, p, ph = Wahrheit, Glaube, Hoffnung: Durch die Zahl 6 ist Wahrheit «Liebe». Liebe zur Wahrheit ist Pflicht. Glaube bedeutet durch die Zahl 2 «Wissen». Glaube zieht Wissen nach sich. Hoffnung ist durch die

Zahl 9 «Weisheit», denn weise ist, wer die Hoffnung nie aufgibt. Nur die Wahrheit macht furchtlos. Lügen haben kurze Beine und sind von einer ständigen Furcht begleitet. Ein Mensch, der in Furcht lebt, kann sich geistig nicht entwickeln. Glaube ist im höheren Sinne ein Aufgehen im Göttlichen. Ohne Glauben gibt es nichts Göttliches. Die Hoffnung auf eine bessere Zukunft und das «Licht» lassen den Menschen selbst aus der größten Verzweiflung immer wieder aufstehen. Wer aber die Hoffnung aufgibt, gibt sich selbst auf.

Positive Aspekte: Selbstbewußtsein, Optimismus, reines Gewissen.

Negative Aspekte: Ungläubigkeit, Heuchelei, Gottlosigkeit, Pessimismus und Furcht.

Karmische Bedeutung: Alles, was der Namensträger der Zahl 17 im Leben erreicht, basiert auf Wahrheit, Glaube, Zuversicht und Hoffnung, und so hängt es von seinen Gedanken und Taten in dieser Beziehung ab, ob er die Hölle oder den Himmel in seinem Innern erschafft. Er soll auch nie vergessen, daß er in diesen selbstgeschaffenen Zuständen nach dem körperlichen Tode weiterlebt.

Charakterdeutung: Die Zahl 17 entspricht dem Zeichen Zwillinge, ein Zeichen der Vielseitigkeit, des Dualismus, der Unruhe und des Zwiespalts. Ein forschend interessierter Geist und ein rasches, ruheloses Temperament begleitet sie. Menschen mit dieser Karmazahl sind gute Unterhalter mit schriftstellerischen Talenten, tief in den Leidenschaften, jedoch sehr beeinflußbar. Sie lieben in allem den Wechsel und wollen immer mehrere Dinge auf einmal erledigen. Sie fangen viel an, führen aber nicht alles auch bis zum Ende durch. Im Negativen sind sie lügnerisch, unkonzentriert, hinterlistig und in der Liebe untreu.

18 = sh, sch, ts, tz = Falschheit: Durch die Zahl 8 ist Falschheit verbunden mit der «Göttlichen Gerechtigkeit», d. h. sie wird hierdurch karmisch zum Ausgleich gebracht. Enge Freunde der Falschheit sind Gier, Neid und Betrug. Zwei der schlimmsten Eigenschaften, die ein Mensch haben kann, sind Neid und Gier. Solche Menschen kennen in ihrer Falschheit keine Grenzen, um das unersättliche Krokodil «Neid und Gier» zu füttern. Es ist nicht leicht, diese Eigenschaften im Charakter eines Menschen rasch zu erkennen; deshalb hüte man sich vor all denjenigen, zu denen man trotz allen guten Wollens keine verbindende Schwingung empfinden kann, ebenso vor solchen, die einem unter der Maske eines nicht überzeugenden Wohlwollens, gespielten Mitleids und übertriebenen Edelmutes entgegentreten.

Positive Aspekte: Ehrlichkeit, reines Gewissen und Verantwortungsbewußtsein.

Negative Aspekte: Neid, Habgier, Verleumdung, Pharisäer- und Denunziantentum.

Karmische Bedeutung: Menschen mit der Karmazahl 18 laufen immer wieder Gefahr, Opfer von falschen Freunden zu werden, die sie dann betrügen, verleumden und ausnützen. Ihre einzige Waffe ist gute Menschenkenntnis oder Prüfung eines jeden Menschen mit besonderer Sorgfalt, wobei sie sich unbedingt der charakterologischen Wissenschaften bedienen sollten (Astrologie, Zahlenphilosophie, Graphologie, Tarot usw. – Echte Hilfen zur Selbsthilfe bieten dazu die im Anhang zu diesem Buch aufgeführten Werke «ergänzenden Schrifttums»). In diesem Zusammenhang kann es nur von Vorteil sein, sich des geflügelten Wortes zu erinnern: «Gott bewahre mich vor falschen Freunden! Vor meinen Feinden weiß ich selbst mich zu beschützen!»

Charakterdeutung: Die Zahl 18 entspricht dem Zeichen Krebs, das symbolisch das Zeichen der Rezeptivität, das innere Verarbeiten des Erfahrenen ist. Positiv beeinflußte Menschen mit dieser Zahl sind häuslich, ruhig, verschlossen, ehrgeizig und gern würdevoll, im Ausdruck überzeugend und phantasiebegabt. Ansonsten sind sie verschwiegen, heimatliebend, haben starkes Verlangen nach Freundschaften und Zuneigungen, Sinn für Familienforschung, Geschichte, bzw. historische Vergangenheit. Krebsfrauen sind gute Mütter. Negativ beeinflußt sind sie reizbar, überempfindlich und furchtsam.

19 = q = Glück, Freunde: Glück bedeutet aufgrund der Zahl 4 «Tat», denn glücklich ist der, der tätig ist und darin eine Lebensaufgabe sieht. Freunde bedeutet durch die Zahl 7 «Sieg», denn sie sind Kampfgefährten des Lebens, die zu einem siegreichen Dasein gehören. Was ist eigentlich Glück in seinem tiefsten Sinn? Mögen auch die meisten Menschen in Reichtum oder körperlicher Liebe das Glück gefunden zu haben glauben, es ist dennoch ganz anderswo zu suchen. Glück ist etwas abstraktes. Wahres Glück kann nur subjektiv erlebt werden in der Verwirklichung der Tugenden und Ideale. Führen wir die Zahl 19 durch Quersummenbildung auf die Eins zurück, auf die Einheit, so wissen wir, was höchstes Glück sein kann. Wahre Freunde, mit denen man zu jener Einheit findet, sind für das ganze Leben ein unschätzbares Glück, das niemals mit materiellen Werten aufgewogen werden kann.

Positive Aspekte: Freundschaft, Großmut, Frieden, Seelengröße.

Negative Aspekte: Falscher Idealismus, Unzufriedenheit und Sucht nach materiellen Werten.

Karmische Bedeutung: Träger der Karmazahl 19 haben mehr Glück in ihrem Leben als andere Menschen. Sie sollten aber nie vergessen, daß man das persönliche Glück auch auf seine Umwelt ausstrahlen soll, denn erst dann stellt sich wirkliche Befriedigung ein. Sie sollten ihr ganzes Streben immer mehr vom Materiellen zum Ideellen umpolen, um nicht am Ende ihres Lebens feststellen zu müssen, daß sie auf das falsche Glück gesetzt haben. In der Wahl ihrer Freunde müssen sie darauf bedacht sein, besondere Vorsicht, und bei auch nur einem Rest von Skepsis im Herzen Zurückhaltung zu üben.

Charakterdeutung: Die Zahl 19 ist dem Zeichen Löwe zugeordnet, das Herrschen, Kraft, Harmonie und die Sonne symbolisiert. Menschen mit dieser Zahl sind bei positiver Beeinflussung herzlich, großzügig, ehrenhaft, gute Erzähler mit Wirkungskraft. Sie besitzen starken Willen und Magnetismus, sind in der Arbeit ausdauernd und haben künstlerische Anlagen. Als Egozentriker beurteilen sie gern alles nach ihrem Gefühl, sind daher gute Psychologen und Menschenkenner. Negativ beeinflußt sind sie unbeherrscht, oft sinnlich und zeigen Charaktermängel.

20 = r = Erwachen, Wiedergeburt: Aufgrund der Zahl 5 bedeutet Erwachen «Religio(n)», in der ein Mensch die Verbindung zu seiner geistigen Heimat wiedergefunden hat. Wiedergeburt durch die Zahl 9 bringt Weisheit, die aus reinem Geiste kommt und die man sich nicht durch Studien aneignen kann wie anderes Wissen. Da in der relativen Welt alles seine zwei Seiten hat, so sind die niederen Oktaven von Erwachen und Wiedergeburt zu erkennen als nur Wachwerden im Körperbewußtsein und nur als Wiedergeburt in die Materie.

Positive Aspekte: Wandel zum Höheren, Seherbegabung, Genialität und Intuition.

Negative Aspekte: Falsche Extasen, negative Propaganda, Unbewußtheit.

Karmische Bedeutung: Wenn Menschen mit der Karmazahl 20 sich bewußt den Forderungen mit Bezug auf Körper, Seele und Geist hingeben und sich nicht in den Netzen der Materie verfangen, erwartet sie eine höhere Form des Seins. Aus einem Träumer wird ein Erwachter, aus einem Toten ein Lebender. Der wahre und tiefe Sinn der Schöpfung wird ihnen offenbar und jede Furcht vor dem Tode schwindet. Jede Bewußtseinsweitung hängt jedoch vom seelisch-geistigen Entwicklungsgrad und dem Einsatz des Einzelnen ab. Ohne Fleiß — kein Preis! Es wird keinem etwas geschenkt ohne Bemühung.

Charakterdeutung: Die Zahl 20 entspricht dem Mond, der das mütterlich-gebärende Prinzip darstellt, die negative Polarität, die das Licht der Sonne projiziert. Mondbeeinflußte Menschen haben einen starken Magnetismus mit entsprechender Anziehungskraft auf ihre Mitmenschen. Sie sind sehr wandlungsfähig, oft ohne Ausdauer und lieben den Wechsel, neigen auch häufig zu Spiritismus und Mediumismus, zu Wahrträumen und Vorahnungen. Sie sind sehr ehrgeizig und neugierig und suchen die Anerkennung ihrer Umwelt. Negativ beein-

243

flußt geht ihnen oft ein schlechter Ruf voraus durch ihre Unstetigkeit und Unverläßlichkeit.

21 = s = Erfolg: Zahlenphilosophisch bedeutet Erfolg durch die Zahl 7 «Sieg». Ein kampfreiches und sieghaftes Leben ist gekrönt durch den Erfolg. Jeder Mensch strebt auf seine Weise den Erfolg an, denn ein Leben ohne dieses Streben hätte keine Existenzberechtigung. Den meisten Menschen sind aber nur geringe und vergängliche Erfolge beschieden, weil sie nicht das «eine große Ziel» vor Augen haben, sich vom Tiermenschen zum Gottmenschen zu erheben. Der letzte Erfolg und der endgültige Sieg ist die Gotterkenntnis des «Alles in Allem». Trostreich für jeden Menschen ist das Wissen, daß die Summe aller Erfolge im Göttlichen ihr Ziel und ihren Abschluß finden.

Positive Aspekte: Vollendung, Vollkommenheit, Einheit, Krönung.

Negative Aspekte: Entfernen von der Mitte, Mißerfolge, Hindernisse.

Karmische Bedeutung: Menschen mit der Karmazahl 21 ziehen den Erfolg sozusagen nach sich, vorausgesetzt, daß sie im Charakter stark und willensfest sind und ihre Ziele gemäß ihren Anlagen klar abstecken. Ihre Umwelt und ihre Freunde tragen viel zu ihren Erfolgen bei, vornehmlich der Lebenspartner, was sich in der zweiten Lebenshälfte noch stärker auswirkt als in der ersten. Wichtig ist zu wissen, daß jeder Erfolg immer neu ausgebaut werden muß und erst am Lebensende seinen Abschluß findet.

Charakterdeutung: Die Zahl 21 entspricht dem Gestirn «Sonne», die als zentrale Kraft das Schöpferische und das Gottmenschentum symbolisiert. Aus Menschen mit dieser Karmazahl fließen, sofern sie im Charakter unverdorben sind, immer neu die Kräfte zu schöpferischer Gestaltung. Sie stellen die Säulen im «Tempel Gottes» dar und sind erfüllt von Energie, Liebe, hohen Idealen und Ideen. Sie sind ehrenhaft, stark intuitiv und religiös, selbstsicher und optimistisch. Bei Auswirkung schlechter Charaktereigenschaften ist der Schein größer als das Sein. Selbstherrlichkeit und Sklaventum zu irdischen Genüssen belastet sie.

22 = th = Mißerfolg, Illusionen: Aufgrund der Zahl 13 bedeuten Mißerfolg und Illusionen «Wandlung», denn jeder wird und muß sich einmal unter der drückenden Last der Mißerfolge wandeln. Die größte Illusion des unwissenden Menschen ist die «Illusion des ich», weil er Schale und Kern verwechselt. Er weiß nicht, daß sein kleines «ich» nur eine der Manifestationen des Geistes in der dreidimensionalen Erscheinungswelt ist und der Geist dieses «ich» zu gegebener Zeit abstreift, so wie ein Mensch einen alten Rock ablegt. Illusion ist immer Selbsttäuschung.

Positive Aspekte: Nirwana, Ende der Substanz, stark verinnerlichtes Menschentum.

Negative Aspekte: Geistesstörungen, Irrtümer, Phantasterei, dunkle Instinkte.

Karmische Bedeutung: Namensträger mit der Zahl 22 müssen so gut wie möglich vermeiden, sich Illusionen, Träumereien oder sonstigen schädlichen Einflüssen hinzugeben, da sie sonst von ihrem Schattendasein nicht loskommen. Sie müssen sich besonders anstrengen, ihre latenten Talente und Fähigkeiten zu entwickeln, um wie der Erleuchtete erkennen zu können, daß Diesseits und Jenseits einander bedingen und eine Einheit sind.

Charakterdeutung: Die Zahl 22 entspricht der Erde. Genau bezeichnete Charaktereigenschaften können für Menschen als Karmaträger dieser Zahl nicht gegeben werden. Vieles deutet jedoch darauf hin, daß sie irdisch stark gebunden sind. Bei ihnen sind alle Möglichkeiten einer negativen oder positiven Entwicklung vorhanden, was sich auch auf Organe und Krankheiten bezieht. Schon eingangs wurde erwähnt, daß die Zahl 22, oft auch Null-Zahl genannt, in der Deutung sehr umstritten ist. Es muß daher jedem selbst überlassen bleiben, diese Zahl 22 noch der Erde oder bereits einer höheren Welt zuzuordnen. Für mich persönlich ist sie die Übergangszahl von einem in einen anderen Raum.

*

Weil Prüfungen und Lebensziel jedes Menschen auf das engste miteinander zusammenhängen und vom jeweiligen Charakter abhängig sind, ist die Deutung dieser beiden Begriffe der entsprechenden Zahl (errechnet durch Name und Geburtsdatum) zu entnehmen. Im Spiegelbild der Zahlen ist der Mensch dem Spiel des Lichtes auf den Wellen eines Sees vergleichbar, der wechselvolle Farben spiegelt, je nach Einstrahlung des Lichtes. Im Prinzip und ureigensten Wesen trägt der Mensch alle Farben in sich, und diese bilden die Steinchen, die der Kabbalist zu einem Ganzen fügen muß, um ein klares Bild von der Seelepersönlichkeit eines unter die Zahlenlupe Genommenen zu erhalten. Der Lohn ist das Mosaikbild.

DIE 66 KOSMISCHEN EREIGNISZAHLEN
(nach H. Reichstein)

1 = Der starke Wille, gepaart mit Überlegung, führt zur Verwirklichung einer jeden Sache und jedes Zieles.

2 = Ein fundiertes Wissen zieht für Menschen mit der Ereigniszahl 2 Erfolg nach sich, was sich besonders auf den Beruf bezieht.

3 = Die Gelegenheit zur Ehe in jungen Jahren ist gegeben, wobei Vorsicht walten muß, um nicht schon bald Reue zu empfinden.

4 = Nur die gute Tat vermag es, den Menschen voll zu entwickeln und frei werden zu lassen.

5 = Namensträger mit der Ereigniszahl 5 erreichen viel durch ihren starken Glauben und ihre Wunschkraft.

6 = Die nur-körperliche Liebe bringt Leid, Zerfall und Enttäuschungen. Die Harmonie ist nur in der Einheit von Körper, Seele und Geist zu finden.

7 = Nicht auf einem Siege ausruhen, da sonst unweigerlich Verluste und Niederlagen eintreten.

8 = Extreme nach links oder rechts machen krank. Es muß gelernt werden, harmonisch zu denken und zu handeln.

247

9 = Befindest du dich unter Wissenden, sei schweigsam und höre zu, dann wirst du das Gehörte erfolgreich zu verarbeiten wissen.

10 = Die meisten Vorhaben gelingen mit der notwendigen Energie und Geschicklichkeit, denn es mangelt nicht an Intellekt und Ojektivität.

11 = Die Zahl 11 deutet auf verborgene Gefahren und Verrat durch andere. Man sollte seine Vorhaben und Pläne bis zur Durchführung möglichst für sich behalten.

12 = Namensträger mit der Zahl 12 haben viel Leid und Sorgen durch Verleumdungen und Intrigen zu erwarten. Nichtbeachtung ist die beste Abwehr.

13 = Affekte wie Haß, Zorn, Wut und sinnlose Leidenschaften sind unbedingt zu beherrschen, denn die unausbleiblichen Folgen sind stark belastend.

14 =Pessimismus ist ein Gegner von Erfolg. Namensträger mit der Zahl 14 sollten in ihren Lebensanschauungen optimistischer werden, um erfolgreich zu sein.

15 = Träger dieser Zahl sind gute Vertrauensleute, sind aber auch durch die Quersummezahl 6 Versuchungen und Prüfungen ausgesetzt.

16 = Diese Zahl warnt vor zu großem Egoismus, vor Impulsivität und Leidenschaften, deren Folgen Fieber- oder Entzündungskrankheiten sind.

17 = Namensträger mit der Zahl 17 erleben häufig Mißerfolge und Enttäuschungen durch zuviel Friedens-
liebe und Nachgiebigkeit.

18 = Träger dieser Zahl müssen sich vor Unzuverlässig-
keit hüten. Vorsicht vor Blitz und Elektrizität
sind geboten. Viel Kampf im Leben, aber Nutzen
daraus.

19 = Als kosmische Ereigniszahl ist sie ausgesprochene
Erfolgszahl. Plötzliche Erfolge sind möglich. Denn-
noch Warnung vor Übermut und übermäßiger Be-
geisterung.

20 = Menschen mit dieser Zahl besitzen eine hohe Intuition. Sie fassen leicht alles nur geistig auf und
verlieren dadurch den Boden unter den Füßen, was
materielle Mißerfolge zeitigt. Sie sollten dem Körper bezw. der Materie, der Seele und dem Geist
das geben, was ihnen im Gleichmaß zusteht.

21 = Glückszahl für deren Träger mit sorgenfreiem Lebensabend. Viel Unterstützung und Anerkennung
durch andere.

22 = Träger dieser Zahl sind zu Selbsttäuschungen und
Rauschgiften geneigt, was unbedingt vermieden
werden sollte.

23 = Diese Namensträger können mit Unterstützung
durch Höherstehende und Verwandte rechnen,
auch mit Erbschaften. Sie erlangen Erfolge durch
geistige Tätigkeit.

24 = Namensträger mit dieser Zahl haben Hilfen durch Gesinnungsfreunde, besonders durch das andere Geschlecht.

25 = Erfolg im Leben durch eigene Erfahrung ohne Beeinflussung anderer. Erforderlich sind Wille und klare Denkweise, nicht Impulsivität.

26 = Diese Zahl warnt vor Spiel und Spekulation. Stille Teilhaberschaften sind den tätigen vorzuziehen. Melancholie sollte in Optimismus umgewandelt werden.

27 = Durch bewußte geistige Entwicklung werden Macht und Führereigenschaften aus der Latenz erweckt. Die Freizeit sollte für geistige Fortbildung genützt werden.

28 = Vorsicht in der Durchführung von Plänen — keine Überstürzung! Unerwartete Erfolge sind angezeigt.

29 = Leid und Enttäuschung durch Verrat und neidische Freunde, insbesondere durch das andere Geschlecht mangels Menschenkenntnis.

30 = Menschen mit dieser Zahl stehen geistig über dem Durchschnitt, dürfen sich aber nicht im Idealismus verlieren. Gesunde materielle Einstellung und Lebensgemeinschaft bieten Erfolge.

31 = Namensträger mit dieser Zahl neigen zu Einsamkeit und nachfolgender Vereinsamung. Künstlerische Talente gelangen durch veredelte Erotik und Ehe zum Durchbruch.

32 = Nicht durch andere sich verwirren und beeinflussen lassen und vor allem negativen Einfluß vermeiden. Oft unerwartete Hilfe zur Durchsetzung eigener Pläne.

33 = Diese Namensträger ziehen großen Nutzen durch eine positive Ehe und durch Freundschaften.

34 = Erfolge durch eigene Lebenserfahrung sind angezeigt. Impulsivität sollte eingedämmt werden.

35 = Geschäftliche Verluste durch falsche Vorstellungen. Bösartige Liebesverbindungen durch zuviel Gutmütigkeit.

36 = Menschen mit dieser Zahl sollten nur ihrem eigenen Urteil vertrauen. Besondere Erfolge durch geistige Tätigkeit.

37 = Glück in der Liebe und in Freundschaften und Teilhaberschaften, jedoch in letzteren auch plötzliche Änderungen. Sorgenfreier Lebensabend.

38 = Menschen dieser Zahl sind sehr sensitiv und müssen realer denken. Bei der Wahl des Lebenspartners sorgfältige Prüfung empfohlen.

39 = Tiefdenkend, stark beobachtend, geborene Menschenkenner, die in Verbindung mit wahren Freunden zu einer geistigen Macht zu werden vermögen. Sie sollten sich für Ideen, Familie und Beruf mit Opferbereitschaft einsetzen.

40 = Starke Einsiedlerneigung und geistige Tätigkeit führt zu Vereinsamung und Erfolglosigkeit. Geselligkeit beugt negativen Tendenzen vor.

41 = Namensträger mit dieser Zahl tun gut daran, an eigenen Absichten festzuhalten. Erbschaftsmöglichkeiten sind angezeigt.

42 = Förderung durch das andere Geschlecht. Empfohlen ist es, eigene Kunsttalente zu entwickeln.

43 = Große Erfolgsmöglichkeiten, aber auch Fehlschläge durch Gegner und falsche Freunde halten sich die Waage. Weniger Impulsivität schützt vor Ärger und Leid.

44 = Tätige Teilhaberschaften bringen fast immer Fehlschläge. Stille Beteiligungen durch gute Verträge vorteilhaft.

45 = Starke schöpferische Führernaturen, dürfen sich aber nicht beeinflussen lassen.

46 = Bei Namensträgern mit dieser Zahl sollte das Gefühl vorrangig entscheiden. Rationale Entscheidungen bringen zumeist Enttäuschungen.

47 = Diese Namensträger erleben Enttäuschungen durch Menschen, die nicht zu ihnen passen. Es gilt, die Augen offen zu halten bei der Wahl von Freunden.

252

48 = Hier ist Selbsterziehung notwendig in bezug auf Entschlußfähigkeit. Wankelmut wirkt negativ. Frisch gewagt ist halb gewonnen!

49 = Mit Ärgernis und Nervosität kann man im Leben nicht bestehen. Ein gesunder Teil Oberflächlichkeit wäre angebracht.

50 = Diese Menschen wissen sich stets zu helfen und erhalten im rechten Moment Hilfen von außen, sollten aber nur dem eigenen Urteil vertrauen.

51 = Diese Namensträger sind Führernaturen mit gutem Charakter und Erfolgsaussichten, schaffen sich jedoch oft durch Taktlosigkeit Feinde und messen ihre Mitmenschen nach ihren Fähigkeiten, ohne Rücksicht auf die Individualität des anderen.

52 = Menschen mit oppositionellen Charakteren, daher häufig Fehlschläge aus eigener Schuld. Einschränkung von Nervosität und Affekthandlungen wäre vorteilhaft.

53 = Menschen mit viel Arbeitsgeist und gutem Gedächtnis, Verschwiegenheit und Treue.

54 = Zuviel Gutmütigkeit und Ehrgeiz bringen Ärger und Mißerfolge. Menschen dieser Zahl versprechen meist mehr als erfüllt werden kann.

55 = Neigung zu Irrungen im praktischen Leben, sonst gute Intuition und spontane Lebensgestaltung.

56 = Diese Namensträger sind betont geistige Menschen mit ausgesprochener Erfindergabe.

57 = Eine zu große All-Liebe bringt diesen Menschen immer wieder Enttäuschungen. Übermäßige Vertrauenseligkeit ist zu vermeiden.

58 = Übertriebenes Selbstbewußtsein und Heftigkeit führen zum Verlust von Freunden. Bei gutem Charakter ist dennoch Selbstzucht notwendig und not-wendend.

59 = Disharmonien und Enttäuschungen mit dem anderen Geschlecht müssen durch Umwandlung übermäßiger Sexualkraft ins Geistige abgebaut werden.

60 = Diese Namensträger werden durch ihre freie und avantgardistische Weltanschauung von ihrer Umwelt nur selten verstanden.

61 = Die geborenen Priester mit fortschrittlicher Einstellung, die einseitige Weltanschauungen der Masse verändern können.

62 = Zäh in der Arbeit, erreichen diese Namensträger höchste Ziele. Überarbeitung sollte vermieden werden. Durch melancholische Anwandlungen ist plötzlicher Rückfall möglich.

63 = Geistige Pioniere und Reformernaturen, im passiven wie auch im aktiven Wirken.

64 = Stürmer, die den Fortschritt im Leben zu verwirklichen suchen, sich aber leicht zersplittern. Geduld und Konzentration sind vonnöten.

65 = Sehr inspirativ mit starker Nervosität. Warnung vor Spiritismus. Menschen dieser Zahl sollten sich von zu großer All-Liebe auf die Realitäten der Materie einstellen, sonst Enttäuschungen.

66 = Diese Namensträger haben oft viele Feinde und Neider und schließen sich daher möglichst von der Öffentlichkeit ab. Gute Medien. Optimismus und eine verstehende Seele ist ihnen zu eigen.

*

Zusammenfassung der Grundsätze

Von der Zahl 10 an läßt sich jede Zahl minus ihrer Quersumme durch 9 dividieren.

Negative Begriffe, die einen einstelligen Zahlenwert ergeben, sind in ihrem Rechenergebnis in einen zweistelligen Wert umzuwandeln.

Positive Begriffe, die einen zweistelligen Zahlenwert ergeben, sind in ihrem Rechenergebnis zu einem einstelligen Wert zu involvieren.

Vorname und Familienname jedes Menschen, zahlenphilosophisch berechnet, ergeben das Karma des Namensträgers.

Vorname und Familienname und Geburtsdatum ergeben das Lebensziel und die Hauptprüfungen jedes Menschen.

Der Hauptcharakterzug eines Menschen ist anhand der Quersumme des Geburtsdatums aus Tag, Monat und Jahr festzustellen.

Weitere wichtige Charakterzüge sind aus den am meisten vorkommenden ein- und zweistelligen Zahlenwerten des ganzen Namens zu errechnen.

Addiert man die Wurzelzahl des Vor- und Familiennamens, so erhält man die Grundschwingung, einen letzten wichtigen Charaktereinfluß.

Der vorherrschende charakterologische Einfluß eines Jahres wird durch die Berechnung des ganzen Namens plus Geburttagsdatum plus der Quersumme des gesamten Datums aus Tag, Monat und Jahr ermittelt.

Die Quersumme eines bestimmten Datums allein hat einen allgemeinen, wenn auch nicht ausschlaggebenden, dennoch unterstützenden oder hemmenden Einfluß.

Die inneren Beweggründe zu einer bestimmten Handlung sind durch den ganzen Namen (ohne Geburtsdatum) plus Datum der Durchführung der Tat zu ersehen.

Der Ort, an dem man sich bei Durchführung einer Tat befindet, hat kosmischen Einfluß auf diese Tat.

Die kosmischen Ereigniszahlen spiegeln Ereignisse und Erlebnisse im Lebenslauf wider.

Hat der Mensch sein ihm vorgesetztes Lebensziel wirklich erreicht, so muß sich durch Berechnung des

Namens plus Todesdatums die Zahl des Lebenszieles (Hauptprüfungen) wieder ergeben.

Für Kabbalisten, die meditativ und selbstlos in die Zahlenphilosophie des Namens eindringen, besteht die Möglichkeit, auch den Todestag zu errechnen, was Reichstein in seinem Buche bestätigt, aber verständlicherweise nicht publiziert.

*

Zum Abschluß der Erläuterungen zu dieser These nach Herbert Reichstein möchte ich jedem Leser nochmals ins Gedächtnis rufen, daß der Name und das Geburtsdatum eines Menschen sein kosmisches Strukturbild darstellen und daß in der Schöpfung nichts dem sogenannten Zufall unterworfen ist. Außer dem Göttlichen gibt es nichts, und alles, was geschaffen ist, ist durch ES und im ES erzeugt, d. h. durch die Trinität der Gottheit, die als Vater «das absolute schöpferische Kraftfeld», als Sohn «die Energie in diesem Kraftfeld» und als Geist «die Spezifik dieser Energie» ist.

SCHLUSSWORT: IHR FREUNDE HÖRT!

Wo ist das Wissen um die Zahl geblieben?
Wer weiß schon noch: Wo eins ist – ist auch sieben?

Wer kennt sie noch – die Teleois-Zahlen,
Die Licht selbst in das tiefste Dunkel malen?

Wer weiß schon noch, daß Buchstabe auch Zahl?
Daß «Alpha» – «Omega», nur A + O geschrieben?
Was ist ihr Inhalt? — Es gibt keine Wahl:
Denn Alpha ist die Eins und Omega die Sieben!

Was heißt: Wo eins ist – ist auch sieben?
Es heißt nicht mehr, nicht weniger als dies, –
Und es wär' gut, wenn man es dabei ließ, –
Es heißt nicht mehr — in Ewigkeit und Zeit:
«Wo Einheit ist, ist auch Vollkommenheit!»

Die Zeit, sie macht uns zwar beständig müder,
Doch laßt uns «Eins-Sein», all ihr Menschenbrüder!
Denn «Eins» und «Sein», buchstäblich in den Werten
(hier ist das S am Schluß, da zu Beginn),
Sind gleich seit eh und je, wie es die Weisen lehrten.

Und S = 3, die alles wieder ründet,
Die 7 zur 10 erhebt, die Ich und Selbst verbündet.

Hast Wohnrecht du in der Kabbala Bau,
Weißt von der 10 du — sicher und genau:
X ist ein Buchstabe, von dem man sagt:
Man kann ein X dir für ein U vormachen.

Das römische Alphabet gibt uns den Schlüssel:
X war die 10, und U, ursprünglich V, war 5.

Wenn jemand dir ein X für ein U,
die 5 also für eine 10 nur geben will,
Ich frage dich:
Bleibst du dann still?

Wenn X die ganze Wahrheit wäre,
x-strahlengleich die Wirklichkeit enthüllend,
kann dann die obre oder untre Hälfte,
im letzten Fall gar auf dem Kopfe stehend,
ein X-Strahl der Gemeinschaft sein?

X-Einheit würde V-Einheit bedeuten . . .
X-Strahlen würden V-Strahlen genannt . . .
Ich frage: Wäre x-beliebig dann bekannt?

X hat hineingeleuchtet, nicht durchleuchtet.
X-fach hat X ein U für X gegeben.
Dem X-Strahl nahm man alle Röntgenkraft
und so halbierte man das ganze Leben.

Erst, wenn in aller Welt wir V zum X gestalten,
kann sich der halbe Mensch
zum ganzen Strahl entfalten . . .

Hast Wohnrecht du in der Kabbala Bau,
Weißt sieben Dinge du, ganz sicher und genau:

DU BIST ES IMMER SELBST

1. Du bist es immer selbst ...
   wie könnt' es anders sein?
   Gibst du dem Bruder Wasser nur,
   Verlange keinen Wein.

2. Du bist es immer selbst,
   der alle Samen sät ...
   Du bist es immer selbst,
   der auch die Ernten mäht.

3. Du bist es immer selbst,
   der sein Gesicht verliert ...
   Du bist es immer selbst,
   der Leid und Not gebiert.

4. Du bist es immer selbst,
   der findet oder sucht ...
   Du bist es immer selbst,
   der segnet oder flucht ...

5. Du bist es immer selbst,
   der schuld an eigner Not ...
   Du bist es immer selbst,
   der Leben trägt und Tod.

6. Du bist es immer selbst,
   der in sich nährt den Zweifel ...
   du bist es immer selbst,
   der Gott ist oder Teufel ...

7. Du bist es immer selbst,
   Wie könnt' es anders sein?
   Gibst du dem Menschenbruder Brot,
   Gibt er dir keinen Stein ...

Weitere Werke von Hermann Kissener

Hermann Kissener: **Pyramidologie**
Die Logik der Großen Pyramide
256 Seiten, 28 Zeichnungen

Anhand von Thesen und Antithesen der Forscher Dr. Brown-Landone und Adam Rutherford wurde im vorliegenden Band 2 der Reihe „Die Spur ins Ur" der Versuch einer Synthese unternommen. Gemeinsam erleben wir im Weltwunder Nr. 1 – der Großen Pyramide von Gizeh – daß uns neben der Bibel als Wort hier eine zweite Offenbarung geschenkt ist, eine neu zu interpretierende Weisheit des Altertums für die heutige Zeit.
Dieses Werk ist ein ernstes Buch, das die aktuellen Fragen unserer Zeit behandelt und zu beantworten versucht.

Hermann Kissener: **Prophezeiungen**
Die Logik Daniels und der Mystischen Meister
256 Seiten, 14 Zeichnungen

Überall hört man in unserer immer hektischer werdenden Welt: Gott schweigt – Gott schläft – Gott ist tot! –
Verständlich: Jahrtausendelang wurde uns immer ein vermenschlichter Gott vorgepredigt und vorgebetet; ein Gott, von dem man annehmen mußte, daß er für die Menschen gemacht worden sei. . . .
Aber Gott ist anders. Aber wie? – Wo ist er? – Wer hat ihn geschaffen? – Existiert er überhaupt? – Wenn ja, wie und wo manifestierte er sich? –;
Das sind Fragen, die in diesem 3. Band der Reihe „Spur ins Ur" behandelt und – falls möglich – beantwortet werden sollen.

Hermann Kissener: **Wer war Jesus? – Der Essäer Brief**
132 Seiten, zellglaskartoniert

„Brief des Ältesten der Essäer zu Jerusalem an den Ältesten der Essäer zu Alexandria" aus dem Jahre 40 n. Chr., neu gegliedert.
Seit Bekanntwerden des Essäer-Briefes, eines zeitgenössischen Berichts über die Person des Christentum-Begründers, ist dieses theologische Problem zu einer wissenschaftlichen Frage eskaliert.
Zum ersten Mmale lesen wir hier über das Privatleben von Jesus; auch über seinen Tod liegen dieser Broschüre neue Unterlagen zugrunde.

Ergänzendes Schrifttum

Hermann Kissener: **Die Schriftrollen vom Toten Meer**
– Nach Studien von Corinne Heline –
144 Seiten, Leinenkarton

Die Schriftrollen, 1947 entdeckt, hatten entscheidende Bedeutung für
die Theologie. Das Buch, das auf Studien von C. Heline basiert, deckt
darüber hinaus auch die Bedeutung der Esoterik auf, als deren
Begründer die Essener gelten dürften.

Walter Kawerau: **Unter dem Feigenbaum**
128 Seiten, gebunden

Die Religion Jesu – Der metaphysische Christus.
Jesus ist nicht als ein Halbgott geboren – er war ein Knabe mit einer
besonderen religiösen Veranlagung.
In diesem Buch versucht Kawerau den Wurzeln der Religion Jesu
nachzuspüren und die Anfänge seiner religiösen Entwicklung zu
erhellen.

Maria Schneider: **Apollonius von Tyana**
480 Seiten, Leinen gebunden

Von den Kräften der heilenden – goldenen Mitte zu sprechen, ist das
tiefe Anliegen dieses formal und sachlich erstaunlich gekonnten
Werkes.
Die Mysterienkulte Kleinasiens, Ägyptens, Indiens, Griechenlands
und Roms sind wohl kaum zuvor so lebendig und zugleich quellen-
geschichtlich einwandfrei geschildert worden.

Johannes Tauler: **Das Reich Gottes in uns**
268 Seiten, gebunden

Im vorliegenden Buch werden Taulers Wegleitungen zum esoterischen Christentum – frei von jedem Zusatz – in ihrer ursprünglichen
Reinheit so vermittelt, daß sie von jedem verstanden und mit
wachsendem Gewinn befolgt werden können.

Gesamtprospekt mit ca. 130 Werken erhalten sie vom

Drei Eichen Verlag · Postfach 60 01 15 · 8000 München 60